国家科学技术学术著作出版基金资助出版
Supported by the National Fund for
Academic Publication in Science and Technology

地下盐穴储气库造腔控制
与注采运行安全评估

王汉鹏　武志德　王　粟　郑学芬　著

山东大学出版社
SHANDONG UNIVERSITY PRESS
·济南·

内 容 简 介

本书针对地下盐穴储气库造腔工艺、安全运营及矿柱稳定性,分析了关键科学及技术难题。在消化和吸收现有研究成果的基础上,研发了"盐穴造腔模拟与形态控制试验装置""盐穴储气库全周期注采运行监测与评估模拟试验系统",实现了盐岩水溶造腔控制参数和储气库注采运营全过程的物理模拟,对储气库建设运营现场具有重要的指导意义。通过三轴压缩试验扩容点的应力状态拟合出了盐岩的膨胀扩容界限方程,提出了盐腔矿柱稳定性评价方法。利用数值模拟方法对地下盐穴储气库注采稳定性的影响因素和储气库群矿柱稳定性进行了分析,并结合实际工程给出了储气库安全运营的安全系数。

本书主要面向致力于地下盐穴储气库建设研究的学者及其他感兴趣的读者,如工程师、大专院校和科研院所的教师、博士研究生、硕士研究生等。

图书在版编目(CIP)数据

地下盐穴储气库造腔控制与注采运行安全评估 / 王汉鹏等著.—济南:山东大学出版社,2022.3

ISBN 978-7-5607-6887-8

Ⅰ.①地… Ⅱ.①王… Ⅲ.①地下储气库—研究 Ⅳ.①TE972

中国版本图书馆 CIP 数据核字(2020)第 270459 号

责任编辑　祝清亮
文案编辑　曲文蕾
封面设计　牛　钧

出版发行　山东大学出版社
社　　址　山东省济南市山大南路 20 号
邮政编码　250100
发行热线　(0531)88363008
经　　销　新华书店
印　　刷　山东新华印务有限公司
规　　格　787 毫米×1092 毫米　1/16
　　　　　16.25 印张　345 千字
版　　次　2022 年 3 月第 1 版
印　　次　2022 年 3 月第 1 次印刷
定　　价　58.00 元

前　言

储气库建设是天然气"产、运、储、销、用"业务链的五大环节之一,是季节性调峰的重要方式,是保障国家能源安全的重要措施。利用盐岩的低渗透性和良好的蠕变行为来建造盐穴储气库进行能源储备,逐渐成为各国广泛认可的选择。地下盐穴储气库具有安全稳定、注采效率高等优势,建库技术历经数十年发展,其技术体系已经成熟,已被欧美等广泛利用天然气的国家普遍采纳和使用。

但是近年来,盐穴储气库事故屡有发生,常见的事故有天然气泄漏、腔体围岩变形过大以及储气库上方地表沉陷等。此类事故事发突然,容易造成较大破坏。与国外建库地质相比,我国的盐岩具有埋深浅、夹层多、盐层薄、品味低等劣势,而且在建或已建的盐穴储气库大都位于经济较发达的地区,人口密集,一旦发生储气库灾害,将会对人民生命财产安全造成巨大的威胁。

本书针对地下盐穴储气库造腔工艺、安全运营、矿柱稳定性,分析了关键科学及技术难题。在消化和吸收现有研究成果的基础上,研发了"盐穴造腔模拟与形态控制试验装置""盐穴储气库全周期注采运行监测与评估模拟试验系统",实现了多夹层盐穴造腔可视化的真实模拟,得到了全周期注采运行腔体变形规律。根据盐岩单轴、三轴压缩及蠕变试验结果,提出了适用的盐岩膨胀扩容判据、盐岩矿柱破坏机理与安全评价理论方法。本书利用数值模拟得到了全周期注采运行过程的腔周塑性区分布、水平位移以及体积收缩量,并将扩容界限方程嵌入 FLAC³ᴰ 模拟软件中来对盐穴注采运营稳定性进行分析,同时还分析了储气库群矿柱稳定性的影响规律。本书的研究成果可为储气库建设和安全运营提供重要参考。

本书共分 11 章,第 1 章主要论述了盐穴储气库的研究意义与研究现状,并概括介绍了本书的主要研究内容与方法;第 2 章阐述了地下盐穴储气库造腔控制物理模拟原理,介绍了系统的设计理念;第 3 章介绍了自主研发的多夹层盐穴造腔模拟与形态控制试验系统;第4章开展了盐芯造腔试验,实现了盐穴造腔过程与形态发展的可视化模拟,验证了试验技术和试验系统的先进性;第5章基于相似理论,研发了盐穴储气库全周期注采运行监测与评估模拟试验系统;第6章以铁精粉、重晶石粉、石英砂、松香、酒精为原料,进行了盐岩相似材料配制,并建立了金坛储气库西1、西2腔的相似模型;第7章通过盐穴储气库全周期注采运行监测与评估模拟试验,进行了单循环和全周期注采循环条件下盐穴储气库的稳定性研究;第8章通过单轴、三轴压缩试验及蠕变试验得到了盐岩膨胀扩容准则以及盐腔矿柱稳定性评价方法;第9章通过FLAC^{3D}模拟软件对储气库全周期注采运行过程中相邻的两个盐腔的稳定性进行判断;第10章通过稳定性评价方法对盐穴储气库矿柱稳定性的影响因素进行了分析,得到了矿柱稳定性影响规律,并对金坛某盐穴储气库群矿柱进行了稳定性分析;第11章论述了本书的主要创新点、结论及研究展望。

地下盐穴储气库的研究还在不断完善和发展,书中许多内容有待进一步探索,加之作者水平有限,难免存在不足之处,恳请读者提出宝贵意见。

编者

2020年11月

目　录

1 盐岩的特性与地下盐穴储气库

1.1 盐岩的特性

盐岩是化学作用下的沉积岩,主要矿物成分为石盐,化学式为 NaCl,理论上的 Na 含量为 39.34%,Cl 含量为 60.66%。从盐质来源、地形影响和气候条件等方面分析,盐岩的成因主要有三种假说[1]。

1.1.1 蒸发成盐假说

经典的蒸发成盐假说认为,在干燥或半干燥、全封闭或半封闭的内陆盐湖盆地或滨海潟湖盆地中,在太阳能的作用下自然蒸发量远超补给量时,盐湖或海水蒸发浓缩,结晶析出各种盐类矿物。蒸发成盐假说的提出以现有成盐事实为依据,并通过了海水蒸发成盐试验的验证,但它难以解释一些巨大盐矿床的成因,因此一些学者提出的"沙坝蒸发成盐假说""分离盆地假说""深水沉积成盐假说"等假说对此进行了补充。

1.1.2 深大断裂成盐假说

深大断裂成盐假说认为,盐层堆积在空间上与地壳深大断裂的发育有关,成盐矿物与沿深大断裂上升的地壳深部物质的供给有关。苏联的索宗斯基认为古盐盆地沿板块的张性断裂裂谷带发育,该裂谷带从深处带来热的初生盐卤。这就是东非裂谷带中能堆积厚盐层、发育热盐卤和甲烷等的原因。

1.1.3 深成热液-喷气成盐假说

深成热液-喷气成盐假说是基于以下几个事实提出的:①不同地质历史时期的盐层中都发现有火山-岩浆岩,尽管数量很少且并非所有成盐盆地中均有发现。②强烈成盐时期的地形改变与强烈地球构造活动造成的地形改变相一致,表明成盐作用的全球性。③在 2.56×10^8 年内,成盐作用与火山-岩浆岩的活动表现出直接依赖性。④各大陆共有 222 个成盐地层,有 171 个分布在南北古纬度 30° 之间,其中 93 个分布在南北古纬度 15° 之间。

由上述成盐假说可知,古盐矿床的成盐条件各异且复杂。在不同地质时期,成盐并非是由一种方式产生的,而是由多种成因及多源成矿物质造成的。

　　我国发现和利用盐岩的历史悠久。古代四川等地深处内陆，海盐、池盐运输极为不便，为满足人们的生活需求，战国时期的李冰在巴蜀地区（今四川）开凿了中国古代有记载以来的第一口盐井——广都盐井。《华阳国志·蜀志》中记载李冰"又识齐水脉，穿广都盐井诸陂池，蜀于是盛有养生之饶焉"，揭开了我国井盐开发利用的序幕。凿井取卤，煎炼成盐，谓之井盐，打井采卤制盐的过程如图 1.1 所示。

图 1.1　蜀省井盐[2, 3]

（资料来源：古代巴蜀的盐业和天然气开发[3]）

　　目前，国内外利用采卤后形成的盐穴存储石油、天然气等能源，原因是盐岩（见图 1.2）具有其他类型地层岩石不具备的独有特性[4-6]：

　　（1）盐岩分布广，规模大，构造及水文条件简单，盖层隔水性好。

　　（2）具有非常低的渗透特性（渗透系数低于 10^{-20} m²）与良好的蠕变行为，结构致密，孔隙度小，能够适应储存压力的变化；力学性能较为稳定，具有损伤自愈合的特性，能够保证储存洞库的密闭性。盐岩与泥岩的压汞试验结果对比如表 1.1 所示。

　　（3）盐岩溶解于水的特性使盐岩洞库的施工更加容易、经济。

图 1.2　盐岩

(资料来源:《盐岩渗透性影响因素研究综述》[7])

表 1.1　盐岩与泥岩压汞试验结果对比

类型	渗透率/m²	孔隙率/%	孔喉大小/nm	中值半径/nm	突破压力/MPa
盐岩	$10^{-15} \sim 10^{-21}$	$0.97 \sim 3.09$	$4 \sim 12$	—	$0.10 \sim 226.00$
泥岩	$3.96 \times 10^{-12} \sim 1.18 \times 10^{-9}$	$0.81 \sim 24.16$	$1 \sim 16$	4.94	$8.22 \sim 19.42$

资料来源:《盐岩渗透性影响因素研究综述》[7]

　　基于这些特性,国际上都认为盐岩体是能源(石油、天然气)储存的最理想介质,且盐穴储气库的利用率较高,注气时间短,垫层气用量少,需要时可以将垫层气完全采出。

1.2　地下储气库的作用与类型

　　人类社会的发展离不开优质能源的出现和先进能源技术的使用。在当今世界,能源的开发和储存是全世界、全人类共同关心的问题,也是关系到我国社会经济发展的重要问题。近年来随着国内能源结构调整,天然气作为一种相对低排放的绿色能源,在改善大气质量、提高能源利用效率和维持经济可持续发展中发挥了更为重要的作用。我国天然气需求量不断增大,北方部分地区"煤改气"造成天然气"气荒",暴露出我国天然气储备不足的问题。与中国相比,德国作为资源匮乏的国家,需要大量进口天然气,但其依靠大量的天然气储备,在俄乌天然气危机中,没有出现气荒。美国作为世界天然气第一产量国家,具有足够的天然气产量,依然需要足够的储气库来维持天然气需求。这些都能显示出储气库建设的重要性和必要性。由于地下储备具有安全、经济的两大特点,国际上 60% 的能源战略储备选址在地下。储气库建设是天然气"产、运、储、销、用"业务链五大环节之一,地下储气库是将长输管道输送来的商品天然气重新注入地下空间而形成的一种人工气田或气藏,一般建设在靠近下游天然气用户城市的附近。

1.2.1　地下储气库的作用

地下储气库的主要作用如下[8, 9]:

(1)解决调峰问题,优化管道运行。与地面球罐等方式相比,地下储气库储存量大,机动性强,不受环境气候影响,调峰范围广,可解决用户需求量及季节负荷变化导致的供气不均的问题。当天然气供给量大于需求量时,可将天然气储存在地下储气库中;当天然气需求量大于供给量时,可利用储存在储气库中的天然气进行补充,以更好地满足用户需求。基于此,地下储气库可在一定程度上实现管道运输和天然气开采的均衡,有利于充分利用管道的输气能力,提高输气效率,降低输气成本。

(2)用于战略储备,应急安全供气。能源是经济的命脉,在如今复杂的国际环境中,一些国家一旦发生战争、叛乱等事件影响了国际能源运输及供给,我国将面临严重的能源危机。地下储气库安全系数大,其安全性远远高于地面设施,是保障国家能源安全的重要措施,可以在关键时刻提供必要的能源供给,保障国家的稳定运转。而在实际生产生活中,输气管道如遇突发事故、自然灾害以及管道检修等不能及时充足地供给天然气时,可使用地下储气库继续供气以维持人们的生产生活。

(3)稳定天然气市场,提高经济效益。地下储气库经济合理,虽然造价高,但是经久耐用,使用年限30~50年甚至更长。在市场经济条件下,天然气价格存在波动,用气高峰时期天然气价格升高,低峰时期天然气价格降低。地下储气库在维持天然气供给方面起到了一定作用,直接影响了天然气价格。供气方在获得高利润的同时,供需矛盾得到缓解,用户也从中受益。

1.2.2　地下储气库的类型

目前,世界上的地下储气库主要有枯竭油气藏储气库、含水层储气库和盐穴储气库三种类型(见图1.3)[9-13]:

(1)枯竭油气藏储气库利用枯竭的气层或油层而建设,造价低,可重复使用油气田开发时的部分设施,建设周期短,投资运行费用低,运行可靠,是目前最常用的地下储气库形式,数量占地下储气库总数的75%以上。但是,目前枯竭油气藏储气库的规模均不大。

(2)含水层储气库是在非渗透性的含水层盖层下用高压气体注入含水层的孔隙中将水排走而形成的人工储气场所。含水层储气库工作原理简单,储量大,其数量占地下储气库总数的15%左右。但由于含水层中没有气田,因此需注入大量气体作为垫气层,而这些气体不可采出,气水界面控制较难,且建库成本高、周期长。

(3)盐穴储气库利用水溶解盐岩形成地下空穴来储存天然气,其建库灵活性高,密闭性好,调峰能力强,天然气的回收率高,具有极大的发展潜力。正是由于盐岩地下能源储存具有这样巨大的工程应用背景,近 50 年来,特别是近 20 年来,美国、加拿大及欧洲部分国家的能源部门集中了大量的人力、物力与财力对盐岩进行了专项研究。

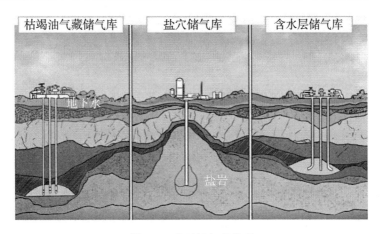

图 1.3   地下储气库类型

(资料来源:*Underground Natural Gas Storage*[13])

这三种储气库的优缺点如表 1.2 所示。盐穴储气库相较于其他储气库类型,具有注采率高、垫气量低及可完全回收等特点,并且可以在短期内吞吐大量天然气,调峰作用显著,特别是当需要应急供应天然气时,盐穴储气库机动性强的优点更加突出。此外它还具有安全性能高、密封性好等特点。

表 1.2   三种储气库的优缺点

储气库类型	优点	缺点
枯竭油气藏储气库	储气量大,可利用原有油气田设施,节约成本	地面处理要求高,垫气量大,垫气回收率低
含水层储气库	储气量大	勘探风险大,垫气回收率低
盐穴储气库	垫气量少,可充分回收	卤水排放处理困难

资料来源:《盐矿水平井老腔形态探测与模拟实验研究》[14]

1.3   地下盐穴储气库的发展

1.3.1   世界盐穴储气库的发展

国外利用盐穴作为储气库的历史最早可以追溯到 20 世纪 50 年代。最早提出用盐丘/盐层储藏天然气技术的是德国人埃尔多尔(Erdöl),他在 1916 年 8 月获得了此项技术的专利。该专利最初于 20 世纪 50 年代初期在美国应用,但世界上第一座盐丘/盐层储气库是在 1959 年由苏联建成的,其后该项技术在北美和欧洲得到推广,法国、德国和英国等国家相继建成盐穴储气库[15]。

美国于 1961 年在密歇根州首次采用盐穴储气,该盐穴储气库在 1968 年开始供气,

工作气量为 600×10^4 m³。美国的盐穴储气库大多为 20 世纪 90 年代开始投入使用的,现有的盐穴储气库顶面构造深度一般为 $600 \sim 1300$ m,运行上限压力为 $7.2 \sim 24.8$ MPa[15]。截至 2019 年的统计数据,美国地下盐穴储气库已投产 36 座,在建 1 座,盐穴储气库工作气量共计 136.7×10^8 m³,占地下储气库总工作气量的 10.0%[16]。

加拿大首座盐穴储气库位于萨斯喀彻温省,并于 1963 年开始使用,其储气空间为 5×10^4 m³。加拿大现有的盐穴储气库顶面构造深度一般为 $1000 \sim 1200$ m,运行上限压力为 $15.2 \sim 26.7$ MPa[15]。截至 2020 年的统计数据,加拿大共有 7 座地下盐穴储气库,工作气量为 5.9×10^8 m³,约占地下储气库总工作气量的 2.2%[17]。

欧洲第一座盐穴储气库建于法国的泰桑(Tersanne),于 1970 年开始运行,工作气量为 2.04×10^8 m³。法国现有的盐穴储气库顶面构造深度介于 $1000 \sim 1500$ m[15],截至 2018 年的统计数据,法国地下盐穴储气库已投产 4 座,拟建 3 座,地下盐穴储气库工作气量 14.3×10^8 m³,占地下储气库总工作气量的 11.9%[18]。

欧洲盐穴储气库主要建造在德国,德国首座盐穴储气库于 1971 年建在霍尼格西(Honigsee)盐丘上,现有的盐穴储气库顶面构造深度一般为 $500 \sim 1500$ m,运行上限压力为 $10 \sim 23.9$ MPa[15]。截至 2018 年的统计数据,德国已投产地下盐穴储气库 43 座,在建 1 座,拟建 3 座,地下盐穴储气库工作气量 133.3×10^8 m³,占地下储气库总工作气量的 56.3%[18]。

英国地下储气库类型主要为盐穴储气库,首座盐穴储气库建于 1974 年,工作气量为 0.75×10^8 m³,1980 年建成的第二座盐穴储气库顶面构造深度为 1800 m[15]。截至 2018 年的统计数据,英国地下盐穴储气库已投产 7 座,在建 1 座,拟建 9 座,地下盐穴储气库工作气量 49.2×10^8 m³,占地下储气库总工作气量的 93.0%[18]。

截至 2018 年的统计数据,欧洲地下盐穴储气库已投产 60 座,在建 4 座,拟建 19 座,地下盐穴储气库工作气量 324.6×10^8 m³,占地下储气库总工作气量的 20.3%[18, 19]。

1.3.2　中国盐岩储气库的发展

我国对盐穴储气库的研究始于 1999 年,初期主要是对国内的盐矿进行调查,初步评价各盐矿的建库地质条件。随着西气东输战略工程的建设,我国于 2001 年 1 月启动了西气东输工程建设天然气地下储气库的可行性研究项目,确定了将江苏金坛作为国内首个盐穴储气库的建库目标地,2005 年 4 月完成了西气东输金坛地下储气库地下建设工程初步设计,2006 年 8 月完成了金坛第一批 15 口新井的钻井施工作业,2005 年 1 月金资井首先开始造腔作业,2006 年 7 月完成了 6 口老腔改造与利用的施工作业;目前已经有五处盐穴分别注入了 15 万至 20 万立方米天然气。另外,淮安、云应、楚州、平顶山等地区也在积极开展盐穴储气库规划与建设工作[9, 15, 20-23]。我国盐穴储气库建设情况详如表 1.3 所示。

表 1.3　我国盐穴储气库建设情况

库址	阶段	顶面埋深/m	地层总厚度/m	平均含矿率/%	盐层平均厚度/m	地质特点
金坛	已投产	900～1200	100～280	88	20～60	层状盐岩
云应	可研	500～720	150～240	70	1～10	千层饼状多夹层、不溶物含量高
淮安	可研	1400～1600	85～145	78	3～36	造腔段厚度较薄、厚泥岩夹层
平顶山	可研	1350～2100	150～300	79	10～40	建库层段埋深差异大、局部较深
楚州	预可研	1400～2100	180～260	70(ZX)/87(YH)	12～120	建库层段埋深差异大、局部较深

资料来源:《层状盐穴储气库造腔设计与控制》[15]

1.4　中国盐穴储气库建库区地质赋存与建设难点

与国外巨厚盐丘储气库相比,我国盐岩地层具有埋深浅、成层分布、夹层较多、地质条件相对复杂等特点,盐岩体中一般含有许多难溶的夹层,如硬石膏层、钙芒硝层、泥岩层等[24-26],薄夹层的存在增加了形成油气渗漏通道的风险,储气库密集增加了单洞垮塌而引发连锁性库群灾变的可能,埋深较浅加剧了地表沉陷。此外,在建或已建的盐穴储气库又均紧邻人口稠密、经济较为发达的地区,一旦发生储气库事故,不但影响能源储备安全,而且危及人们的生命和财产安全。

1.4.1　中国盐穴储气库建库区地质赋存特点

含盐盆地既有海相成因,又有陆相成因。海相成因的含盐盆地具有规模大、品位高、组分单一、单层厚等特点,而我国海相成因的含盐盆地受整体沉积环境的影响,具有盐层层数多、单层薄、总体厚度小的特点。陆相成因的含盐盆地规模相对较小,品位也相对较低,以碎屑岩-化学岩混合型沉积组合为主,具有矿层层数多、单层薄、组分多等特点。我国已建及在建储气库的金坛、淮安、云应、楚州、平顶山等地的盐岩均为陆相成因,由此表现出的盐穴储气库建库区地质赋存特点主要为以下三个方面[15]:

(1)顶面构造深度较大。由第 1.3 节可知,盐穴储气库顶面构造深度一般介于 1000～

1500 m,而我国除了金坛、云应的储气库符合这一条件,其余盐穴储气库建库层段顶深均接近或超过 1500 m(见表 1.3),平顶山和楚州两地的储气库埋深可达 2100 m。较大的层段顶深一方面导致建库时间和成本增加,另一方面使得运行期内盐腔收缩率增加,减小了储气库空间,降低了运行效率并增加了运行风险。

(2)矿层交互发育,单盐层薄。陆相成因的盐岩库区因其沉积环境的影响,共生组分多,盐层与夹层交互分布,单盐层薄,层数多。由表 1.3 可知,除了楚州盐层平均厚度可达 120 m,其余库址的盐层平均厚度均小于 60 m,云应和淮安两地的盐层平均厚度存在不足 10 m 的情况。

(3)盐层含矿率较低,不溶物含量高。由表 1.3 可知,除金坛地区的盐岩含矿率可达 88%以外,其余盐穴储气库的含矿率均不高。云应库区盐岩含矿率仅为 70%,且不溶物含量高。淮安和平顶山含矿率接近 80%,但淮安建库区含有厚泥岩夹层,而平顶山地区建库层段埋深差异大。

1.4.2　中国盐穴储气库建设难点

中国盐穴储气库建库区的地质赋存特点制约了其建设,主要表现为以下三个问题和难点[15]:

(1)造腔速度慢、周期长。盐穴储气库建库的关键为水溶造腔,即盐层溶解后,通过管柱循环实现卤水与淡水的物质交换。而层状盐岩库层段含有较多难溶解的夹层,降低了盐层的溶解速度,增加了盐穴储气库的造腔时间。夹层越多,其对造腔速度的影响越大,造腔周期越长。

(2)腔体难以控制。层状盐岩夹层在影响了造腔速度的同时,也影响了腔体形态。受夹层位置和夹层难溶解的影响,造腔形态很难控制。受不同深度盐岩品位差异和夹层影响,云应储气库先导试验结果表明盐穴腔体形态不光滑,局部出现突进式溶蚀。

(3)造腔成腔率低。层状盐岩夹层的存在使得水不溶物的含量增加,这些水不溶物难以排出,会堆积在腔体底部使得腔体储气空间减小,盐岩造腔成腔率降低。夹层数量越多,单层越厚,水不溶物含量越多,成腔率就越低。除此之外,造腔方式、工艺及注水排量等均对造腔成腔率产生影响。

1.5　国内外研究现状

1.5.1　力学特性的研究

为了解决盐穴储气库运营过程中的稳定性问题,国内外的学者对纯盐岩的短期强度和长期蠕变力学性质开展了广泛研究,并取得了丰富的成果。

在盐岩短期力学强度方面,霍弗(Höfer)[27]进行了盐岩三轴抗压试验,研究表明随着围压增大,盐岩破坏形式由脆性破坏变为大变形后破坏。自 20 世纪 80 年代开始,享什(Hunsche)等人[28-30]进行了大量的盐岩静力学试验,得到了盐岩的基本强度参数,试验结果表明盐岩具有强度低、变形大的特点。法默(Farmer)和吉尔伯特(Gilbert)[31]通过盐岩的三轴试验监测出:当围压较小时,盐岩具有应变软化特性;当围压较大时,盐岩表现出应变硬化特征。国内学者对盐岩的强度特征的研究工作起步较晚,刘江等人[32]对湖北应城盐矿和江苏金坛盐矿进行了单轴压缩试验、三轴压缩试验以及巴西劈裂试验,通过对盐岩试样的强度与变形的分析与研究,为我国盐岩储气库稳定性评价及储气库建设选址提供了参考。姜德义等人[33]根据损伤变量与应变的关系,建立了低应变率条件下盐岩损伤演化方程,较好地反映了在单轴压缩低加载速率下的盐岩损伤演化过程。针对盐岩长期蠕变的力学性质,金(King)研究了在不同温度和轴向压力下盐岩和夹泥岩的应变与时间的关系;瓦韦西克(Wawersik)通过对盐岩进行三轴压缩试验得到不同地区盐岩稳定蠕变速率范围;卡特(Carter)和汉森(Hansen)分析了应力路径和应力历史对蠕变破坏的作用;克里斯特斯库(Cristescu)建立了盐岩初始蠕变和稳态蠕变模型[34-39]。杨春和等人[40-44]提出岩石蠕变损伤力学模型,通过盐岩蠕变试验,得到了蠕变全过程盐岩非线性蠕变本构方程。王军保等人[45-47]通过盐岩蠕变试验建立了盐岩非线性蠕变特性的MBurgers模型,试验结果表明:在一定的围压下,随着轴向应力增大,盐岩瞬时应变、蠕变应变以及蠕变速率等随轴向应力的增大而增大。

1.5.2　盐穴储气库造腔物理模拟与数值模拟研究

目前,国内外还没有相关的造腔过程可视化物理模拟试验装置,特别是在温度、地应力、注采水流速、温度以及提升速度等多种复杂因素耦合条件下岩盐造腔过程的三维腔体可视化物理模拟试验装置。

实际地下储气库工程利用腔体声呐检测仪来检测大型空腔的体积与形状。声呐设备测量的基本原理是利用仪器发射超声波,超声波可在卤水、天然气等介质中传播,但当超声波到达腔壁时就反射回来,并被仪器的接受探头所吸收,然后通过电缆传导到地面接收器,转化为可利用的数字信号,再经过软件处理,得出所需数据。改变测量深度,则可获得不同深度上的腔体数据,如图 1.4、图 1.5 和图 1.6 所示。

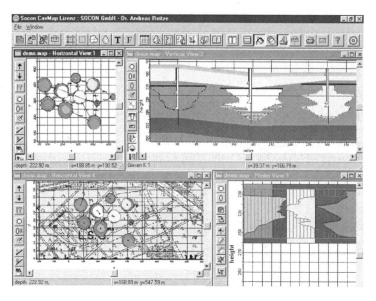

图 1.4　不同深度腔体数据

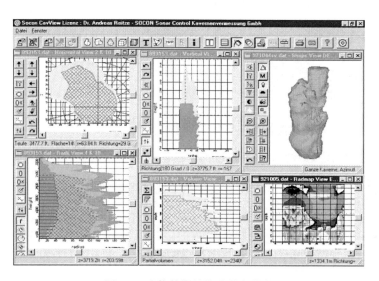

图 1.5　腔体数据转换成数字信号

图 1.6　地下储气库现场腔体的三维探测

物理模拟试验技术主要为取得岩溶基本参数、提高水溶采盐效率服务,纪文栋等[48]进行了盐岩及天然碱的溶蚀模拟试验研究。为建设储气库进行形状控制,施锡林[49]通过模拟试验技术的建立与模拟试验研究,深刻了解了岩溶机理,提出了固定形状建设储气库的控制技术方法。

纪文栋、杨春和等人[48]针对我国须采用密集库群来提高油气地下存储的资源利用率的现状,对已有盐岩溶腔库群运营模式下储气库的稳定性和收缩变形展开了研究,并基于声呐测腔成果,建立了符合实际存在的单腔模型及库群模型。对模拟结果进行对比分析,明确了库群运行模式对储气库稳定性的影响规律。研究结果表明:储气库相对位置和深度的差异、夹层地层倾角的存在、相邻储气库的体积和形状不等同这三个因素会导致某些腔体的收缩变形不对称、腔体形变不规则;不同于单腔的最大位移区域固定出现在腰部,库群模式下受周围腔体的影响,储气库无固定的腔壁位移最大点位置;储气库呈现板状存在、贯穿整个库群的泥岩刚度大、蠕变性能低,并且与盐岩交界面的抗剪能力较强,可以提高库群的整体性和稳定性。虽然研究过程中考虑到地层倾角的夹层变形特性会给库群密闭性带来不利的影响,泥岩-盐岩交接面的拉伸以及泥岩夹层本身的扭转弯曲会使泥岩层产生裂隙,贯通的裂隙可导致各个腔体失去独自运行的能力,从而影响储气库运行效率,但其研究重点放在了库群的群特性研究,对单腔的水溶并没有实现有效的控制,且尚无法做到实时监控,及对不容夹层的判断和处理。

施锡林、李银平等人[49]以如何有效地预测与控制水溶造腔过程中泥质夹层的垮塌为背景,建立了水溶造腔过程中夹层垮塌分析的力学模型,并应用弹性板壳理论进行了求解,根据求解结果对泥质夹层因局部破损及整体失稳引起垮塌的力学机制分别进行了论述,对泥质夹层垮塌的力学机理进行了总结,给出了一种计算夹层极限跨度的方法。此研究主要是理论层面的研究,对水溶造腔过程中夹层垮塌的预测与控制有重要指导意义。

班凡生、肖立志等人[50]利用现场钻取的盐芯,模拟盐穴储气库水溶建腔过程,但盐芯尺寸小,不能完全代表整个造腔层段的特征。经研究,他们提出了一种大尺寸盐岩储气库溶腔模型制备方法,采用氯化钠、泥土等材料配制盐岩溶腔模型;建立了盐穴储气库水溶建腔数学模型,利用相似比确定了试验参数;给出了利用人造盐岩模型开展造腔物理模拟的应用实例,但其止于模型制备。

杜超、杨春和等人[44]通过对湖北云应的盐岩和泥岩以及江苏金坛盐岩的单轴、三轴蠕变试验,研究了包括应力、围压等外在条件以及内部组成结构对盐岩蠕变特性的影响。研究发现,盐岩无论在何种围压下,稳态蠕变率都会随偏应力的增加而显著地增大;围压起到限制变形的作用,而随着围压增高,围压对稳态蠕变率的影响越来越小;晶粒越大和杂质含量越多,盐岩的蠕变属性越弱。针对盐岩的蠕变特性所做的深入研究,为盐岩溶腔的可控研究提供了理论支持。

班凡生、耿晶等人[51]阐述了盐岩储气库造腔的溶解速度、溶解度等基本概念和盐岩储气库水溶建腔的影响因素,分析了水溶建腔的流体输运理论和盐岩溶蚀机理等。通过对盐岩储气库造腔基本理论的研究,为盐岩储气库的溶腔设计与生产提供理论依据。

李银平、施锡林等人[52]就我国盐矿夹层的典型分布特征,造腔环境下夹层溶蚀及力学特性弱化,夹层垮塌机制、模式和判别,管柱动力破坏机制与影响因素,造腔控制技术与现场应用等问题相关的主要研究进展进行了系统综述和分析,认为近年来我国在典型夹层垮塌机制及造腔控制方面的研究已取得一些重要的理论和技术突破,解决或者解释了一些工程问题,对我国盐穴储气库建设提供了一定技术支撑,但在不同类型夹层溶蚀特性、多因素下管柱动力失稳模型以及造腔设计室内模拟等方面还不够深入和全面。

还有许多研究人员[52-60]对盐岩的强度、变形特性做了大量的室内、室外试验研究工作。虽然研究人员已从不同的角度研究不同的载荷条件下的盐岩力学特性,初步建立了考虑盐岩的损伤、变形与渗透之间关系的盐岩本构模型。然而,我国盐岩的赋存特点和欧美国家有很大的不同,这些模型无论在理论上还是在工程应用中均很难直接运用到我国盐岩石油储库中。Cristescu从经典弹-黏塑性理论出发,分析了盐岩剪胀现象,从而分析出盐岩蠕变损伤过程。

德国学者穆加达姆(Moghadam)和米尔扎布卓格(Mirzabozorg)等人[61]提出了一种依赖于时间的盐穴储气库行为的弹粘塑性本构模型,用来描述瞬态和稳态的盐岩蠕变期间的扩容、短期垮塌以及长期垮塌。该本构模型用拉格朗日有限元制订模拟应力变化和大变形的框架内洞周围盐岩蠕变期间的地面运动,并提供有限元分析的计算模型来表示盐穴储气库的适用性。

法国学者劳瓦法(Laouafa)等人[62]利用地球物理和地质力学监测了法国东北部(洛林)的盐腔,以分析微震活动中次变阵的几个变量,并对预测型腔的力学崩溃条件进行了持续不断和间断连续非线性数值计算。计算的数值和试验数据之间的比较可以相当准确地描述垮塌演化过程。

盐岩层中建设储气库还刚刚起步,对于形状控制模拟的研究仍很少,还没有研发出相应的试验设备,形成相应的试验技术和方法。

1.5.3 盐穴储气库注采运行稳定性研究

盐穴储气库稳定性主要研究方法有理论分析、室内试验研究、数值模拟以及模型试验研究。由于盐岩的蠕变特性,本构方程推导难度较大,利用数值模拟软件进行计算分析成为预测储气库运营阶段溶腔围岩变形的有效手段,研究者可以运用室内试验得到的本构模型进行稳定性分析。同时,为了使试验结果更加直观,也有学者运用模型试验进行储气库的稳定性研究。储气库稳定性影响因素主要包括盐岩自身的蠕变性质、储气库自身形态、矿柱稳定性、注采气压变化、夹层分布等[63-73]。国内外学者已经做了深入研究,取得了大量成果,并较好地与实际工程结合。

美国学者蒂尔森(Tillerson)[74]对北美墨西哥湾盐穴储气库进行了稳定性研究,获得了该地区盐岩的蠕变规律,并通过数值方法研究了盐腔的长期稳定性。德国学者阿尔海德(Alheid)等人[75]用地震波监测储气库腔壁的破坏情况,以保障储气库运行期间的稳定。雨果(Hugout)[76]对泰尔桑(Tersanne)和埃特雷兹(Etrez)两座储气库进行了稳定性研究,建立了预测储气库体积损失的理论模型。菲利普(Philippe)[77]针对储气库体积损失问题,通过对现场测试数据的分析,研究了盐岩的蠕变特性。科尔(Cole)[78]利用声呐技术对美国德克萨斯州南部的马卡姆(Markham)盐穴储气库进行了研究,发现当盐腔在天然气长期高压作用下突然降压,容易导致盐腔围岩表面岩体的脱落。艾克迈尔(Eickemeier)等人[79, 80]采用理论分析和数值模拟的方法,对储气库的地表沉降和稳定性进行了研究,认为盐穴储气库发生直接破坏的可能性极小,但盐岩蠕变造成的盐穴体积收缩和地表沉降会随时间不断增大,并建立了联系盐穴体积收缩量和地表沉降量的沉降预测模型。门泽尔(Menzel)等人[81]在现场应力测量及盐岩的流变室内试验测试的基础上,对盐穴储气库的洞室大小、形状和埋深等方面做了研究。

尹雪英[59, 82-84]、王贵君[67, 85]利用数值模拟手段对地下盐穴储气库的长期变形进行了研究,得出了储气库在运行期间腔内压力的变化对储气库体积的收缩有直接作用,并分别给出了避免储气库体积收缩的运行压力范围。吴文等人[26]总结了盐穴地下能源(石油和天然气)储存库稳定性评价标准。郤保平等人[86]建立了层状盐岩渗透特性数学模型,对金坛盐穴储气库腔体围岩破坏后的渗透特性进行了研究。陈锋等人[63]改进了Norton Power 蠕变本构模型,且应用该本构模型对某盐穴储气库进行了数值模拟,在较低内压工况下,分析了盐穴破坏区的发展规律。丁国生等人[66]研究了盐穴地下储气库体积的收缩规律。张强勇等人[87-89]进行了注采气三维模型试验,获得了储气库运行压力、天然气注采速率等因素对盐穴储气库稳定性的影响规律。邓检强等人[90]建立了盐穴储气库群的稳定性判据,讨论了储气库盐腔形状及库群分布对稳定性的影响规律。杨春和等人[4]对储气库稳定性以及长期稳定性进行了数值模拟研究,得出了不同压力下腔体体积的变化规律。陈锋等人[91]通过数值模拟了在不同采气速率下储气库盐腔围岩的应力与变形规律。

国内外学者从盐岩强度、蠕变特性、失效判别标准等方面入手对矿柱安全进行了研究。德弗里斯(Devries)等人[92]通过室内试验确定了平均应力作用和洛德角对盐岩膨胀极限的影响,并提出了一种适用于三轴压缩应力状态和三轴拉伸应力状态(洛德角范围从−30°到30°)的膨胀准则。范·桑贝克(Van Sambeek)等人[93,94]分别从轴对称和平面应力问题的角度提出了干盐矿矿柱设计方程,通过研究洞腔位置、矿柱高宽比、腔内气压对洞室群矿柱稳定性的影响进行了整体分析,给出了矿柱高宽比的合理取值范围,进行了大量实际工程分析。艾克迈尔(Eickemeier)等人[95,96]分别采用拉伸断裂判据和膨胀判据对享格罗(Hengelo)地区盐穴储气库矿柱的长期稳定性进行了评价,并利用数值模拟给出了随时间变化的安全系数,但在失效判据中采用了一些经验系数,使得矿柱计算结果缺乏通用性。勒克斯(Lux)[97]提出了盐穴储气库稳定性评价的三个基本标准,包括储气库围岩不允许出现片帮、安全矿柱宽度准则及储气库围岩不发生蠕变破坏。

李夕兵、王如坤等人[98,99]利用FLAC³ᴰ软件对深部矿柱进行了动力扰动分析,通过不同大小的地应力下的模拟结果,发现岩体承受的地应力越大,动力扰动对其稳定性的影响越大。秦忠虎[100]利用声发射技术对花岗岩矿柱破裂过程进行了研究,分析了矿柱破裂失稳过程中声发射信号的特点及其内在联系。王同涛、王连国等人[101-104]利用尖点位移突变理论建立了盐穴储气库矿柱稳定性分析模型,研究了蠕变时间、矿柱宽度、内压及埋深等因素对层状盐岩储气库矿柱稳定性的影响规律,并给出了国内某相邻储气库间矿柱安全系数以及建议运行压力。赵帅等人[105]基于摩尔库伦破坏准则提出了盐穴储气库矿柱可靠度理论模型,并利用ANSYS软件拟合出了可靠性指标与盐穴内压、跨径比(W/D)、盐穴埋深、夹层数之间的关系。刘沐宇等人[106-109]借助矿柱应力解除试验抽样获取了矿柱的应力值,并得到了矿柱内部应力随机变量的分布函数。刘健等人[70]结合摩尔库伦破坏准则和损伤扩容准则,建立了ANSYS数值计算模型,分析了不同盐穴间距情况下的损伤扩容区和塑性区的分布情况,给出了储气库最小间距为两倍盐穴洞径的建议值。宋卫东等人[110]以国内某金矿为依托工程,针对影响矿柱稳定性的诸多因素设计了正交试验,研究表明,地下洞室直径、矿柱宽度和矿柱埋深三个变量对矿柱稳定性的影响最大。黄英华等人[111]分析了采用房柱法开采的矿山采空区顶板和矿柱失稳破坏力学机理,并总结了影响矿柱稳定性的因素。张绍周[112]采用FLAC³ᴰ软件对大红山铁矿矿柱-顶板系统进行了稳定性分析,认为压力拱范围以"平衡—失稳—再平衡—再失稳"的动态过程不断扩展。另外,还有一些学者[113-120]针对实际工程,采用理论计算和数值分析的方法开展了矿柱稳定性的研究。

地质力学模型试验是研究复杂地质条件下岩土工程施工及运营的有效方法[121],其中研制相似材料是地质力学模型试验的首要任务,国内外学者根据不同工程需要研制了相应的相似材料并进行了力学研究[122-128]。俄罗斯、葡萄牙等国家的学者以纯石膏作为相似材料进行岩石力学试验[129]。王汉鹏、张强勇等人[130-133]研制的 IBSCM(铁晶砂胶结材料)的相似材料,以铁精粉、重晶石粉、石英砂为骨料,通过松香酒精胶结而成,并得出各成分对相似材料力学特性的影响。韩伯鲤等人[134]研制的 MIB 相似材料以铁粉、重晶石粉、红丹粉为骨料,利用松香和酒精溶液胶结而成,同时添加氯丁胶作为附加剂,该相似材料通过改变不同原料的配比,可以模拟不同岩石的性质,但该材料中的氯丁胶具有一定毒性,不适合大量长期使用。马芳平等人[124]研制了 NIOS 相似材料,主要原料为磁铁矿精矿粉与河沙,通过石膏或水泥胶结而成,其弹性模量和抗压强度可以灵活控制,并且在溪洛渡电站地下洞室群模型试验中得到了应用。彭海明等人[135]以水泥石膏为相似材料,原料价格低廉、易获得,同时得到了相似材料的尺寸效应。左保成等人[136]研制出以石英砂为骨料,石膏与水泥为黏结剂的相似材料,并得到了相应的配比规律,该相似材料的破坏规律与灰岩相似,可以较好地模拟灰岩地区的地下工程。任松等人[137]研制出盐岩相似材料,骨料为工业盐、铁精粉,通过环氧树脂、乙二胺胶结而成,并进行了三轴抗压试验、蠕变试验,基本符合盐岩的短期和长期力学性质。

地质力学模型试验是根据相似原理对相应工程问题进行缩尺研究的一种手段,通过一定的相似比尺换算,模型试验可以反映地质构造和工程结构关系,更精确地模拟施工过程和影响,试验结果更加直观,更容易分析岩体工程的受力分布、变形规律及稳定性特点[138-141]。

20 世纪初期,西欧学者就开始进行结构模型试验,逐渐建立并完善了相似理论。20世纪 60 年代,富马加利(Fumagalli)[142]进行了工程地质力学模型试验,对材料破坏规律进行了研究。李术才等人[143]利用自主研发的大比尺柔性均布加载地质力学模型试验系统,进行了让压型锚索箱梁支护系统的模型试验研究,得到了深部厚顶煤巷道围岩应力演化规律与变形特征。刘泉声等人[144]以重庆市轨道交通三号线为模拟原型,进行了十字岩柱暗挖法地质力学模型试验研究,通过研制的钢结构台架可成功模拟加围压条件下的洞室开挖,试验结果验证了预留核心土开挖工序的合理性和可行性。李璐等人[145]采用平面地质力学模型试验,按推荐开挖顺序对毛洞情况和支护情况进行模拟试验研究,并与三维非线性有限元计算结果进行了对比和印证,评价了洞室群的整体稳定性,并提出了加固处理建议及措施。孙书伟等人[146]针对万梁高速公路 K49+150 顺层路堑高边坡工点进行大型地质力学模型试验研究,以均匀毛细浸润技术来模拟雨水入渗滑带改变滑带岩土抗剪强度的现象,详细研究了不同降雨强度对坡体稳定性和病害程度的影响,通过顺层高边坡有无支挡模型的对比试验,研究了两种状态下坡体的运动形态以及支挡结构的应力分布规律。

任松等人[147]利用转体模型试验台以及盐岩相似材料开展模型试验,得到了盐腔造腔时上覆岩层的损伤演化规律以及上覆岩层破碎岩体尺寸与岩层强度、重度和垮塌厚度之间的关系。刘耀儒等人[148]采用"小块体堆砌法"即通过小块体和低强度黏接剂建立地下储气库的地质力学模型,模拟了相邻的四个盐穴储气库(矿柱宽度为2倍洞径)在不同压强下的注采循环过程,得到了单溶腔采注气对洞室群稳定性的影响。戴永浩、陈卫忠等人[149]以重晶石粉、石英砂、石膏、膨润土为原料配置了盐岩相似材料,并开展了储气库的地质力学模型试验,得到了盐腔围岩在循环荷载下的力学效应与稳定性影响规律,得到了在循环荷载下盐腔围岩蠕变特性。张强勇等人[87-89, 150-152]研制了具有蠕变性质的盐岩相似材料,研发了盐岩地下储气库注采气大型三维地质力学模型试验系统,通过三维流变地质模型试验,获得了交变气压对储气库安全稳定运行的影响,并结合大量的理论与数值模拟计算,系统全面地得到了影响层状盐岩地下盐穴储气库从规划、设计、施工到运营阶段稳定性的主要风险因素。

综上所述,目前对储气库稳定性研究主要有以下不足:①针对储气库稳定性的研究主要集中在数值模拟方面,而地下盐穴储气库运行过程中具有较多的影响因素,单纯的数值模拟具有较大的局限性。②现阶段的研究主要针对理想工况进行模拟,可以较好地分析不同因素对储气库的稳定性影响,但是对于金坛储气库的长期运营缺少整体参考。③目前在金坛储气库的地质力学模型试验中,主要采用理想的盐腔形状,与金坛储气库实际的梨形形状差距较大。因此,通过还原实际盐腔形状,并根据金坛储气库的实际注采运营数据,进一步开展金坛盐穴储气库全周期注采运营模拟研究具有重要意义。

1.6 研究内容与技术路线

1.6.1 研究内容

1.6.1.1 地下盐穴储气库造腔控制物理模拟研究

研发盐穴造腔模拟与形态控制试验装置,该装置由试验装置框架、多场耦合模拟系统、注采循环系统、注采动态参数测量控制系统和盐腔形态动态数据采集系统等组成,可实现盐岩在多场耦合条件下不同施工工艺和参数对盐穴造腔过程的影响与形态发展可视化模拟。

地下盐岩储气库造腔控制物理模拟主要解决包括单井造腔模拟技术、动静组合密封技术、基于激光视频图像识别原理的盐腔形态动态数据采集技术和盐腔形态及造腔可视化综合控制技术在内的四大盐岩水溶造腔与形态控制关键技术难题。

利用试验装置开展水溶盐芯模拟盐穴造腔与形态控制试验,并确定对现场工程有指导意义的盐穴形态施工和控制参数。

1.6.1.2 地下盐穴储气库注采运行安全评估物理模拟研究

根据相似原理和盐穴储气库注采模拟的试验要求,研发"盐穴储气库全周期注采运行监测与评估模拟试验系统",系统由模型反力台架装置、顶梁升降平移及锁定系统、液压加载系统、气体注采系统、开挖测试系统等部分构成,可模拟两个盐腔全周期注采运行监测和评估。

根据金坛地区层状盐岩实际力学参数,以铁精粉、重晶石粉、石英砂、松香、酒精为原料,研发具有蠕变特性的盐岩相似材料;根据金坛实际地层与盐腔实际形状进行物理模拟相似模型制作。

利用盐穴储气库全周期注采运行监测与评估模拟试验系统,开展单循环注采工况及全周期注采运行试验,分析了金坛储气库运行过程中应力应变规律。

1.6.1.3 地下盐穴储气库注采运行安全评估数值分析

根据单轴、三轴压缩试验扩容点的应力状态拟合盐岩的扩容界限方程,进行盐岩的单轴、三轴压缩试验和蠕变试验,并得到基于盐岩膨胀破坏模式的盐腔矿柱的稳定性评价方法。

根据单循环注采运行工况进行 FLAC³D 数值模拟对比分析,验证试验流程控制的准确性。通过将扩容界限方程嵌入 FLAC³D 有限差分软件,进行全周期注采运行数值模拟,得到扩容破坏安全系数,并对储气库全周期注采运行过程中相邻两盐腔的稳定性进行判断。

针对安全性较低的矿柱部位,分析矿柱宽度与盐穴直径之比、腔内压力、盐穴埋深、布井方式等因素对矿柱稳定性的影响规律,最后利用矿柱稳定性评价方法和数值模拟手段,分析了金坛某盐穴群矿柱的稳定性。

1.6.2 技术路线

本书的技术路线(见图1.7)为:根据盐穴单井造腔原理研制了盐穴造腔模拟与形态控制试验装置,研究盐岩在多场耦合条件下不同施工工艺和参数对盐穴造腔过程的影响,并实现单井造腔形态发展可视化模拟。以金坛盐穴储气库为工程背景,基于相似准则研发"盐穴储气库全周期注采运行监测与评估模拟试验系统"。配制具有蠕变性质的盐岩相似材料,并制作得到与金坛储气库实际盐腔形状相似的地质力学试验模型,根据金坛实际注采运行数据,对金坛储气库单循环工况及全周期注采运行工况进行稳定性分析。通过盐岩的单轴、三轴压缩试验和蠕变试验,拟合得到了盐岩的扩容界限方程。将扩容界限方程嵌入 FLAC³D数值模拟软件,对金坛储气库全周期运行工况进行稳定性分析。基于盐岩膨胀破坏模式得到矿柱稳定性评价方法,研究盐穴直径、矿柱宽度、腔内压力、盐穴埋深、布井方式等因素对矿柱稳定性的影响规律,分析金坛某盐穴群矿柱的稳定性。

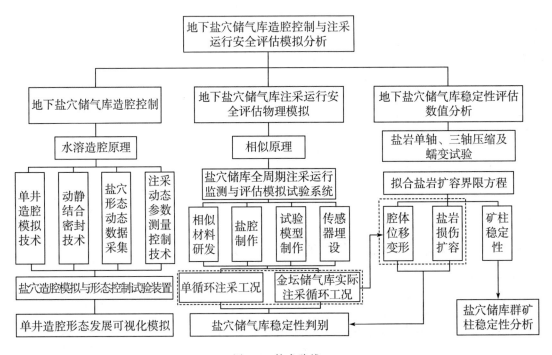

图 1.7　技术路线

参考文献

[1] 杨春和,李银平,陈锋. 层状盐岩力学理论与工程[M]. 北京:科学出版社,2009.

[2] 刘德林. 从李冰"识齐水脉"开凿盐井到《四川盐法志》"看榜样"选定井位——关于先民对地下卤水资源规律的识察及其布井法的初探[J]. 盐业史研究,1992(3):24-32.

[3] 管墨. 古代巴蜀的盐业和天然气开发[J]. 文史杂志,2011(2):31-34.

[4] 杨春和,梁卫国,魏东吼,等. 中国盐岩能源地下储存可行性研究[J]. 岩石力学与工程学报,2005(24):4409-4417.

[5] 姜德义,邱华富,易亮,等. 大尺寸型盐造腔相似试验研究[J]. 岩石力学与工程学报,2012(9):1746-1755.

[6] 常小娜. 中国地下盐矿特征及盐穴建库地质评价[D]. 北京:中国地质大学(北京),2014.

[7] 王新志,汪稔,杨春和,等. 盐岩渗透性影响因素研究综述[J]. 岩石力学与工程学报,2007,26(z1):2678-2686.

[8] 丁国生,李春,王皆明,等. 中国地下储气库现状及技术发展方向[J]. 天然气工业,2015,35(11):107-112.

[9] 张蕊. 带你了解储气库[N/OL]. 石油商报,2017-11-08[2020-12-20]. https://www.soho.com/a/203102740-158724.

[10] 丁国生,谢萍. 中国地下储气库现状与发展展望[J]. 天然气工业,2006(06):111-113.

[11] 杨伟,王雪亮,马成荣. 国内外地下储气库现状及发展趋势[J]. 油气储运,2007,26(6):15-19.

[12] 高发连. 地下储气库建设的发展趋势[J]. 油气储运,2005(06):15-18.

[13] American Petroleum Institute(API). Underground Natural Gas Storage[EB/OL]. (2018-1-6)[2020-12-20]. https://www.api.org/oil-and-natural-gas/wells-to-consumer/exploration-and-production/natural-gas/underground-natural-gas-storage.

[14] 陈涛. 盐矿水平井老腔形态探测与模拟实验研究[D]. 重庆:重庆大学,2018.

[15] 丁国生,郑雅丽,李龙. 层状盐岩储气库造腔设计与控制[M]. 北京:石油工业出版社,2017.

［16］U.S. Energy Information Administration(EIA). Natural Gas Annual 2019［R］. 2020.

［17］Canada Energy Regulator. Market Snapshot：Where does Canada store natural gas?［EB/OL］. (2020-9-29)［2020-12-20］. https：//www.cer-rec.gc.ca/en/data-analysis/energy-markets/market-snapshots/2018/market-snapshot-where-does-canada-store-natural-gas.html.

［18］Gas Infrastructure Europe(GIE). GIE storage database 2018［EB/OL］. (2018-12)［2020-12-20］. https：//www. gie. eu/index. php/gie-publications/databases/storage-database.

［19］Gas Infrastructure Europe(GIE). GIE storage map 2018［EB/OL］. (2018-12)［2020-12-20］. https：//www. gie. eu/download/maps/2018/GIE _ STOR _ 2018 _ A0 _ 1189x841_FULL_FINAL.pdf.

［20］天工. 国家储气库已选定 11 个地点［J］. 天然气工业，2010，30(12)：80.

［21］杨海军，王元刚，李建君，等. 层状盐层中水平腔建库及运行的可行性［J］. 油气储运，2017，36(8)：867-874.

［22］丁国生，冉莉娜，董颖. 西气东输二线平顶山盐穴储气库建设可行性［J］. 油气储运，2010，29(4)：255-257.

［23］垢艳侠，完颜祺琪，罗天宝，等. 中俄东线楚州盐穴储气库建设的可行性［J］. 盐科学与化工，2017，46(11)：16-20.

［24］班凡生，袁光杰，申瑞臣. 多夹层盐穴腔体形态控制工艺研究［J］. 石油天然气学报，2010，32(1)：362-364.

［25］刘建平，姜德义，陈结，等. 一种盐岩相似材料的试验研究［J］. 岩土力学，2009，30(12)：3660-3664.

［26］吴文，侯正猛，杨春和. 盐岩中能源(石油和天然气)地下储存库稳定性评价标准研究［J］. 岩石力学与工程学报，2005(14)：2497-2505.

［27］HÖFER K H，THOMA K. Triaxial tests on salt rocks［J］. International Journal of Rock Mechanics and Mining Sciences & Geomechanics Abstracts，1968，5(2)：195-196.

［28］Proceeding of the First Conference on the Mechanical Behavior of Salt［C］. Clausthal：Trans Tech Publication，1984：169-179.

［29］HUNSCHE U. True Triaxial Failure Tests on Cubic Rock Salt Samples. Experimental Methods and Results［M］. Berlin：Springer Berlin Heidelberg，1992.

［30］HUNSCHE U. Volume Change and Energy Dissipation in Rock Salt During

Triaxial Failure Tests[J]. Mechanics of Creep Brittle Materials 2，1991：172-182.

[31] FARMER I W，GILBERT M J. Dependent strength reduction of rock salt[C].Clausthal：Trans Tech Publication，1981：4-18.

[32] 刘江,杨春和,吴文,等.盐岩短期强度和变形特性试验研究[J].岩石力学与工程学报，2006(S1)：3104-3109.

[33] 姜德义,陈结,任松,等.盐岩单轴应变率效应与声发射特征试验研究[J].岩石力学与工程学报，2012，31(2)：326-336.

[34] KING M S. Creep in model pillars of saskatchewan potash[J]. International Journal of Rock Mechanics and Mining Sciences & Geomechanics Abstracts，1973，10(4)：363-371.

[35] WAWERSIK W R，ZEUCH D H. Modeling and mechanistic interpretation of creep of rock salt below 200℃[J]. Tectonophysics，1986，121(2)：125-152.

[36] FUENKAJORN K，DAEMEN J J K. Borehole closure in salt[C].Rotterdam，Netherlands：Balkema，1989：191-198.

[37] LEITE M H，LADANYI B，GILL D E. Determination of creep parameters of rock salt by means of an In Situ sharp cone test[J]. International Journal of Rock Mechanics and Mining Sciences & Geomechanics Abstracts，1993，30(3)：219-232.

[38] CARTER N L，HANSEN F D. Creep of rocksalt[J]. Tectonophysics，1983，92(4)：275-333.

[39] CRISTESCU N D. A general constitutive equation for transient and stationary creep of rock salt[J]. International Journal of Rock Mechanics and Mining Sciences & Geomechanics Abstracts，1993，30(2)：125-140.

[40] 杨春和,陈锋,曾义金.盐岩蠕变损伤关系研究[J].岩石力学与工程学报，2002(11)：1602-1604.

[41] 杨春和,高小平,吴文.盐岩时效特性实验研究与理论分析[J].辽宁工程技术大学学报，2004(6)：764-766.

[42] 杨春和,殷建华.盐岩应力松弛效应的研究[J].岩石力学与工程学报，1999(3)：3-5.

[43] 杨春和,李银平,屈丹安,等.层状盐岩力学特性研究进展[J].力学进展，2008(4)：484-494.

[44] 杜超,杨春和,马洪岭,等.深部盐岩蠕变特性研究[J].岩土学，2012，33(8)：2451-2456.

[45] 王军保,刘新荣,郭建强,等.盐岩蠕变特性及其非线性本构模型[J].煤炭学报，2014，39(3)：445-451.

[46] 王军保,刘新荣,杨欣,等. 不同加载路径下盐岩蠕变特性试验[J]. 解放军理工大学学报(自然科学版),2013,14(5):517-523.

[47] 王军保,刘新荣,杨欣,等. 盐岩非线性 Burgers 模型及其参数识别[J]. 中南大学学报(自然科学版),2014,45(7):2353-2359.

[48] 纪文栋,杨春和,姚院峰,等. 近置已有盐岩溶腔能源地下储库群特性研究[J]. 岩土力学,2012,33(9):2837-2844.

[49] 施锡林,李银平,杨春和,等. 盐穴储气库水溶造腔夹层垮塌力学机制研究[J]. 岩土力学,2009,30(12):3615-3620.

[50] 班凡生,肖立志,袁光杰,等. 大尺寸盐岩溶腔模型制备研究及应用[J]. 天然气地球科学,2012,23(4):804-806.

[51] 班凡生,耿晶,高树生,等. 岩盐储气库水溶建腔的基本原理及影响因素研究[J]. 天然气地球科学,2006,17(2):261-266.

[52] 李银平,施锡林,杨春和,等. 深部盐矿油气储库水溶造腔控制的几个关键问题[J]. 岩石力学与工程学报,2012(9):1785-1796.

[53] 任松,陈结,姜德义,等. 能源地下储库造腔期流场相似实验[J]. 重庆大学学报(自然科学版),2012,35(5):103-108,114.

[54] 袁光杰,申瑞臣,田中兰,等. 快速造腔技术的研究及现场应用[J]. 石油学报,2006,27(4):139-142.

[55] 陈结,姜德义,刘春,等. 盐穴建造期夹层与卤水运移相互作用机理分析[J]. 重庆大学学报(自然科学版),2012,35(7):107-113.

[56] 霍琰. 盐岩储气库建腔期流场实验研究及数值模拟[D]. 重庆:重庆大学,2010.

[57] 李林,陈结,姜德义,等. 单轴条件下层状盐岩的表面裂纹扩展分析[J]. 岩土力学,2011,32(5):1394-1398.

[58] 李建中,李奇,胥洪成. 盐穴地下储气库气密封检测技术[J]. 天然气工业,2011,31(5):90-92,95.

[59] 尹雪英,杨春和,李银平. 泥岩夹层对层状盐岩体中储库稳定性影响[C]//2007年地面和地下工程中岩石和岩土力学热点问题研讨会. 武汉,2007:344-348.

[60] 魏东吼. 金坛盐穴地下储气库造腔工程技术研究[D]. 青岛:中国石油大学(华东),2008.

[61] NAZARY MOGHADAM S,MIRZABOZORG H,NOORZAD A. Modeling time-dependent behavior of gas caverns in rock salt considering creep,dilatancy and failure[J]. Tunnelling and Underground Space Technology,2013,33:171-185.

[62] LAOUAFA F，CONTRUCCI I，DAUPLEY X. In-situ large monitoring and numerical modeling of the loss of stability of salt cavity[C].London：Taylor and Fransis group，2012：171-178.

[63] 陈锋,杨春和,白世伟.盐岩储气库蠕变损伤分析[J].岩土力学,2006,27(6)：945-949.

[64] 闫相祯,王同涛.地下储气库围岩力学分析与安全评价[M].青岛：中国石油大学出版社,2012.

[65] 莫江,梁卫国,赵阳升,等.矿柱宽度对储气库运行稳定性的影响研究[J].太原理工大学学报,2009,40(3)：279-282.

[66] 丁国生,杨春和,张保平,等.盐岩地下储库洞室收缩形变分析[J].地下空间与工程学报,2008,4(1)：80-84.

[67] 王贵君.盐岩层中天然气存储洞室围岩长期变形特征[J].岩土工程学报,2003,25(4)：431-435.

[68] 杨强,潘元炜,邓检强,等.地下盐穴储库群临界间距与破损分析[J].岩石力学与工程学报,2012(9)：1729-1736.

[69] 王同涛,闫相祯,杨恒林,等.多夹层盐穴储气库最小允许运行压力的数值模拟[J].油气储运,2010,29(11)：877-879.

[70] 刘健,宋娟,张强勇,等.盐岩地下储气库群间距数值计算分析[J].岩石力学与工程学报,2011,30(S2)：3413-3420.

[71] 韩琳琳,廖凤琴,蒋小权,等.盐岩储气库适用性评价标准的研究[J].岩土力学,2012,33(2)：564-568.

[72] 井文君,杨春和,李鲁明,等.盐穴储气库腔体收缩风险影响因素的敏感性分析[J].岩石力学与工程学报,2012,31(9)：1804-1812.

[73] 吴文,杨春和,侯正猛.盐岩中能源(石油和天然气)地下储存力学问题研究现状及其发展[J].岩石力学与工程学报,2005(S2)：5561-5568.

[74] TILLERSON J R. Geomechanics investigations of SPR crude oil storage caverns[C]. SMRI Fall Meeting, Canada，Toronto，1979

[75] ALHEID H J，KNECHT M，LUDELING R. Investigation of the long-term development of damaged zones around underground openings in rock salt [J]. International Journal of Rock Mechanics and Mining Sciences，1998，35(4)：589-590.

[76] HUGOUT B. Mechanical behavior of salt cavities-in situtests-model for calculating the cavity volume evolution[C].Clausthal：Traps Tech Publication，1988：291-310.

［77］ PHIFIPPE B. In situ experience and mathematical representation of the behavior of rock salt used in storage of gas［C］.Clausthal：Traps Tech Publication，1984：453-471.

［78］ COLE R. The long term effects of high pressure natural gas storage on salt caverns［C］.SMRI Spring Meeting，Banff，2002：75-97.

［79］ EICKEMEIER R，PAAR W A，WALLNER M. Assessment of subsidence and to brine field enlargement［C］. SMRI Spring Meeting，Banff，2002.

［80］ EICKEMEIER R. A new model to predict subsidence above brine fields［C］. Solution Mining Research Institute，Fall 2005 Technical Meeting，France，Nancy，2005

［81］ MENZEL W，SCHREINER W. Geomechanical aspects for the establishment and the operation of gas cavern stores in salt formations of the GDR［J］. International Journal of Rock Mechanics and Mining Sciences & Geomechanics Abstracts，1989，29(1)：115-120.

［82］尹雪英,杨春和,陈剑文.金坛盐矿老腔储气库长期稳定性分析数值模拟［J］.岩土力学，2006，27(6)：869-874.

［83］尹雪英,杨春和,李银平.层状盐岩体三维 Cosserat 介质扩展本构模型的程序实现［J］.岩土力学，2007，28(7)：1415-1420，1426.

［84］尹雪英,杨春和,李银平.层状盐岩体中地下能源储库稳定性影响因素分析［J］.湖南科技大学学报(自然科学版)，2012，27(3)：41-47.

［85］王贵君.天然气盐岩洞室群长期存储能力［J］.岩土工程学报，2004(1)：62-66.

［86］邰保平,赵阳升,赵延林,等.层状盐岩储库长期运行腔体围岩流变破坏及渗透现象研究［J］.岩土力学，2008，29(增)：245-250.

［87］张强勇,陈旭光,张宁,等.交变气压风险条件下层状盐岩地下储气库注采气大型三维地质力学试验研究［J］.岩石力学与工程学报，2010，29(12)：2410-2419.

［88］张强勇,段抗,向文,等.极端风险因素影响的深部层状盐岩地下储气库群运营稳定三维流变模型试验研究［J］.岩石力学与工程学报，2012，31(9)：1766-1775.

［89］段抗.极端风险因素影响的层状盐岩地下储气库群运营稳定的三维地质力学模型试验研究与分析［D］.济南：山东大学，2012.

［90］邓检强,吕庆超,杨强,等.变形稳定理论在盐岩储气库优化设计中的应用［J］.岩土力学，2011，32(S2)：507-513.

［91］陈锋,杨春和,白世伟.盐岩储气库最佳采气速率数值模拟研究［J］.岩土力学，2007(1)：57-62.

［92］ DEVRIES K L，MELLEGARD K D，CALLAHAN G D. Laboratory Testing in Support of a Bedded Salt Failure Criterion［C］. Kansas，Rapid City，2004.

[93] VAN SAMBEEK L L. Salt Pillar Design Equation[C]. Rapid City，Penn State University：Trans Tech Publications，1998.

[94] FRRAYNE M A，VAN SAMBEEK L L. Three-Dimensional Verification of Salt Piliar Design Equation[C].5th Conference on the Mechanical Behavior of Salt，Bucharest，Romania，1999.

[95] EICKEMEIER R，PAAR W A，HEUSERMANN S. Hengelo brine field revisited determination of allowable loading of pillars[C].Proceedings of 2004 Technical Meeting，Berlin，Germany，2004

[96] EICKEMEIER R，HEUSERMANN S，PAAR W A. Hengelo Brine Field："FE Analysis of Stability and Integrity of Inline Pillars"[C].Spring 2005 Technical Meeting，Syracuse，America，2005

[97] LUX K H. Lechture for "bilanzierung eines stoffkreislaufes"[R]. [S.I.：s. n.]，2003.

[98] 李夕兵,李地元,郭雷,等. 动力扰动下深部高应力矿柱力学响应研究[J]. 岩石力学与工程学报，2007(5)：922-928.

[99] 王如坤,梅甫定. 高应力矿柱在动力扰动下力学响应研究[J]. 地下空间与工程学报，2016，12(2)：349-355.

[100] 秦忠虎. 基于声发射监测的矿柱破裂过程实验研究[D]. 沈阳：东北大学，2011.

[101] 王同涛,闫相祯,杨恒林,等.基于尖点位移突变模型的多夹层盐穴储气库群间矿柱稳定性分析[J]. 中国科学(技术科学)，2011，41(6)：853-862.

[102] 王同涛. 多夹层盐岩体中储气库围岩变形规律及安全性研究[D]. 北京：中国石油大学，2011.

[103] 王同涛,闫相祯,杨恒林,等. 多夹层盐穴储气库群间矿柱稳定性研究[J]. 煤炭学报，2011，36(5)：790-795.

[104] 王连国,缪协兴. 基于尖点突变模型的矿柱失稳机理研究[J]. 采矿与安全工程学报，2006，23(2)：137-140.

[105] 赵帅,方杏兰,刘伟,等.基于可靠度理论的地下盐穴储气库矿柱稳定性[J]. 油气储运，2014，33(8)：839-843.

[106] 刘沐宇. 矿柱应力分布函数的拟合检验[J]. 武汉工业大学学报，1999(3)：3-5.

[107] 郑泽岱,刘沐宇,祝文化. 矿柱强度估算及稳定性评价[J]. 武汉工业大学学报，1993(3)：59-67.

[108] 刘沐宇,徐长佑. 地下采空区矿柱稳定性分析[J]. 矿冶工程,2000(1)：19-22.

[109] 刘沐宇,池秀文,张雅丽. 矿柱结构的可靠性设计[J]. 武汉工业大学学报,1998(1)：3-5.

[110] 宋卫东,曹帅,付建新,等. 矿柱稳定性影响因素敏感性分析及其应用研究[J]. 岩土力学,2014,35(S1)：271-277.

[111] 黄英华,徐必根,唐绍辉. 房柱法开采矿山采空区失稳模式及机理[J]. 矿业研究与开发,2009,29(4)：24-26.

[112] 张绍周. 大红山铁矿 1#铜矿带房柱法采空区顶板-矿柱稳定性分析[D]. 昆明：昆明理工大学,2014.

[113] 朱飞. 锚索废石混凝土胶结充填矿柱稳定性研究[D]. 长沙：中南大学,2014.

[114] 刘艳红. 深部矿柱失稳三维探查及数值分析[D]. 长沙：中南大学,2010.

[115] 雷春辉. 构造应力下水平矿柱稳定性分析与回采顺序优化研究[D]. 赣州：江西理工大学,2016.

[116] 姚高辉,吴爱祥,王贻明,等. 破碎围岩条件下采场留存矿柱稳定性分析[J]. 北京科技大学学报,2011,33(4)：400-405.

[117] 江春明. 羊拉铜矿里农矿段采空区稳定性分析[D]. 昆明：昆明理工大学,2017.

[118] 郭建军. 夏甸金矿矿柱及围岩稳定性分析与应用[D]. 泰安：山东科技大学,2005.

[119] 魏叙深. 整合矿区复杂破碎围岩及矿柱稳定性分析[D]. 广州：华南理工大学,2015.

[120] 钱坤. 基于砂岩矿柱强度特征与破坏机制的矿柱设计[D]. 北京：中国矿业大学(北京),2015.

[121] 杜应吉. 地质力学模型试验的研究现状与发展趋势[J]. 西北水资源与水工程,1996(2)：67-70.

[122] 陈兴华. 脆性材料结构模型试验[M]. 北京：水利水电出版社,1984.

[123] 崔希民,缪协兴,苏德国,等. 岩层与地表移动相似材料模拟试验的误差分析[J]. 岩石力学与工程学报,2002,21(12)：1827-1830.

[124] 马芳平,李仲奎,罗光福. NIOS 模型材料及其在地质力学相似模型试验中的应用[J]. 水力发电学报,2004(1)：48-51.

[125] 张杰,侯忠杰. 固-液耦合试验材料的研究[J]. 岩石力学与工程学报,2004(18)：3157-3161.

[126] 徐文胜,许迎年,王元汉,等. 岩爆模拟材料的筛选试验研究[J]. 岩石力学与工

程学报，2000(S1)：873-877.

[127] 潘一山，章梦涛，王来贵，等. 地下硐室岩爆的相似材料模拟试验研究[J]. 岩土工程学报，1997(4)：49-56.

[128] 白占平，曹兰柱，白润才. 相似材料配比的正交试验研究[J]. 露天采煤技术，1996(3)：22-23.

[129] 李勇，朱维申，王汉鹏，等. 新型岩土相似材料的力学试验研究及应用[J]. 隧道建设，2007，27(S2)：197-200.

[130] 张强勇，刘德军，贾超，等. 盐岩油气储库介质地质力学模型相似材料的研制[J]. 岩土力学，2009，30(12)：3581-3586.

[131] 王汉鹏，李术才，张强勇，等. 新型地质力学模型试验相似材料的研制[J]. 岩石力学与工程学报，2006，25(9)：1842-1847.

[132] 张强勇，李术才，郭小红，等. 铁晶砂胶结新型岩土相似材料的研制及其应用[J]. 岩土力学，2008，29(8)：2126-2130.

[133] 张绪涛，张强勇，曹冠华，等. 成型压力对铁-晶-砂混合相似材料性质的影响[J]. 山东大学学报(工学版)，2013，43(2)：89-95.

[134] 韩伯鲤，陈霞龄，宋一乐，等. 岩体相似材料的研究[J]. 武汉水利电力大学学报，1997(2)：6-9.

[135] 彭海明，彭振斌，韩金田，等. 岩性相似材料研究[J]. 广东土木与建筑，2002(12)：14-15，18.

[136] 左保成，陈从新，刘才华，等. 相似材料试验研究[J]. 岩土力学，2004，25(11)：1805-1808.

[137] 任松，郭松涛，姜德义，等. 盐岩蠕变相似模型及相似材料研究[J]. 岩土力学，2011，32(S1)：106-110.

[138] 王汉鹏，李术才，张强勇，等. 地质力学模型试验过程中关键技术研究[J]. 实验科学与技术，2006(3)：4-8.

[139] 沈泰. 地质力学模型试验技术的进展[J]. 长江科学院院报，2001(5)：32-36.

[140] 王汉鹏，李术才，郑学芬，等. 地质力学模型试验新技术研究进展及工程应用[J]. 岩石力学与工程学报，2009，28(S1)：2765-2771.

[141] 陈安敏，顾金才，沈俊，等. 地质力学模型试验技术应用研究[J]. 岩石力学与工程学报，2004(22)：3785-3789.

[142] FUMAGALLI E. 静力学与地力学模型[M]. 蒋彭年，译. 北京：水利电力出版社，1979.

[143] 李术才，王德超，王琦，等. 深部厚顶煤巷道大型地质力学模型试验系统研制与

应用[J]. 煤炭学报，2013，38(9)：1522-1530.

[144] 刘泉声，雷广峰，肖龙鸽，等. 十字岩柱法隧道开挖地质力学模型试验研究[J]. 岩石力学与工程学报，2016，35(5)：919-927.

[145] 李璐，陈秀铜. 大型地下洞室群稳定性地质力学模型试验研究[J]. 地下空间与工程学报，2016，12(S2)：510-517.

[146] 孙书伟，朱本珍，马惠民. 典型顺层高边坡工程病害的地质力学模型试验研究[J]. 岩土工程学报，2008(9)：1349-1355.

[147] 任松，姜德义，刘新荣. 盐腔形成过程对覆岩影响的相似材料模拟实验研究[J]. 岩土工程学报，2008(8)：1178-1183.

[148] 刘耀儒，李波，杨强，等. 岩盐地下油气储库群稳定分析及连锁破坏的地质力学模型试验[J]. 岩石力学与工程学报，2012，31(S2)：3681-3687.

[149] 戴永浩，陈卫忠，杨春和，等. 金坛盐岩储气库运营模型试验研究[J]. 岩土力学，2009，30(12)：3574-3580.

[150] 刘德军，吕晶，张强勇，等. 具有流变特性的盐岩相似材料的研制及应用[J]. 岩土工程学报，2011，33(10)：1590-1595.

[151] 刘德军. 盐岩地下储气库注采气压变化的三维地质力学模型试验与数值计算分析研究[D]. 济南：山东大学，2010.

[152] 张强勇，王保群，向文. 盐岩地下储气库风险评价层次分析模型及应用[J]. 岩土力学，2014，35(8)：2299-2306.

2 地下盐穴储气库造腔控制物理模拟原理与设计

2.1 地下盐穴储气库的造腔方法与过程

2.1.1 地下盐穴储气库的造腔方法

盐穴储气库的造腔通常利用盐岩易溶于水的特点,在天然盐层中以钻井方法钻穿岩层进入盐岩地层,在钻孔内安装表面套管和生产套管,插入水管形成通道,注入淡水不断冲蚀溶解盐岩,然后采出盐水,使得溶腔不断扩大到预定的体积及形状,最终形成一定体积和形状的溶腔用来储存天然气。盐穴储气库的造腔方法一般分为单井造腔和水平井造腔两种,如图 2.1 所示。

单井造腔又称为单井油垫对流法水溶造腔,它是通过垂直钻井从地表进入盐系地层,在井眼中分别下入生产套管、造腔外管、造腔内管,并通过生产套管注入油垫层,然后把淡水或非饱和卤水通过造腔管柱注入井下,淡水将与其接触的盐岩溶解,形成一定体积的腔体,盐腔的体积随着盐岩的溶蚀不断扩大。适时调整油垫、造腔内管及造腔外管的相对位置,可以达到人为控制腔体形态扩展的目的,最终获得满足储气库稳定性要求的盐腔形状,单井造腔如图 2.1(a)所示[1]。

水平井造腔又称为水平对流井盐穴储气库造腔,它是从地表分别打两口竖井到达盐系地层,一口直井,一口斜井,斜井又叫作对接井,在钻井过程中从两口竖井分别下放生产套管。在目标盐岩层中斜井通过水平通道与直井对接,形成贯通的 U 形通道,水平井造腔如图 2.1(b)所示[1]。

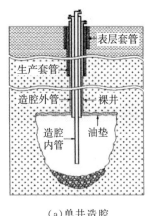
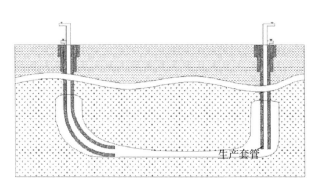

（a）单井造腔　　　　　　　　　　　（b）水平井造腔

图 2.1　盐穴储气库的造腔方法[1,2]

（资料来源：《盐矿水平井老腔形态探测与模拟实验研究》[1]）

单井造腔方法与水平井造腔方法各有优缺点，如表 2.1 所示。

表 2.1　单井造腔与水平井造腔优缺点

造腔类型	优点	缺点
单井造腔	腔体形态易于控制；测腔技术较为成熟；评价体系较为完善	出卤浓度低，造腔效率低；腔体体积小，经济性差
水平井造腔	出卤浓度高，造腔效率高；成腔体积大，适宜岩层较薄的矿床；腔体体积大，经济性好	腔体形态不易控制；声呐测腔技术难以应用，评价体系和指标不够完善

资料来源：《盐矿水平井老腔形态探测与模拟实验研究》[1]

单井造腔方法的腔体形态易于控制，易于通过较成熟的声呐测腔技术测量腔体的形状，可以为建库稳定性评价工作提供相关数据，但由于注水管口与出水管口的距离较近，卤水未充分饱和即被排出，出卤浓度较低，造腔效率低下，并且遇到夹层数量多、岩层厚度薄的盐系地层时，难以形成大体积的储气库。

水平井造腔方法中淡水从进水管口到出水管口的流动路径长，卤水与岩壁得到了充分接触，溶解时间长，出卤浓度也更高。从现场监测到的数据可知，水平造腔方法下出卤浓度接近饱和卤水，因此造腔效率更高。同时，水平盐穴储气库在地下形成的"横卧式"盐穴腔体体积更大，建造成本相对更低。但水平造腔方法的造腔过程难以探测和控制腔体的形态，无法得到理想的腔体，不利于腔体长期的稳定性[1]。

目前，国内外的盐穴储气库建设基本都是采用单井造腔方法，为保证单井建造的腔体长期安全稳定，必须在盐穴溶腔过程中探究腔体形态变化的溶蚀规律，因此需要开展单井造腔物理模拟试验，研究盐穴储气库溶腔工艺参数优化是非常重要和迫切的。

地下盐穴的溶腔形状对储气库的长期运营安全至关重要。在储气库建设过程中，以一定的形状在盐层内建造一个地下储气溶腔，是一项复杂的系统工程。我国在盐岩地下储库建设方面才刚刚开始,缺乏经验。与国外巨厚盐丘储库相比,我国盐岩地层具有埋深浅、成层分布、夹层较多、地质条件相对复杂等特点。因此,有必要针对多夹层盐穴储气库造腔过程的工艺及参数进行深入研究。

2.1.2 盐岩单井造腔过程与关键控制参数

盐岩单井造腔原理和过程如图2.2所示,即通过钻孔穿过岩层到达盐层,安装套管后插入内管、外管以及注采保护剂管。内外管是同心的,通过内管注入清水溶解盐岩,外管和内管环空采出溶解盐岩后的卤水,并通过注采顶板保护液作为阻溶剂控制溶腔形状[3],现场通常采用柴油作为顶板保护液。

溶腔过程中,将阻溶剂注入设计位置,保证腔内注入水与阻溶剂上部隔离,防止上部盐层过早溶蚀造成盐岩浪费。根据注入和排出卤水的方式分为正循环和反循环两种,其中正循环是内管注入淡水,环空排出卤水[见图2.2(a)],反循环的注水排卤方式则相反,环空注入淡水,内管排出卤水[见图2.2(b)]。储气库建设初期大部分采用正循环过量注入阻溶剂的方式进行溶腔,即从环空中注入大量阻溶剂,过剩的阻溶剂通过油套管环空返至地面,该方法操作简单,易于观察[4]。

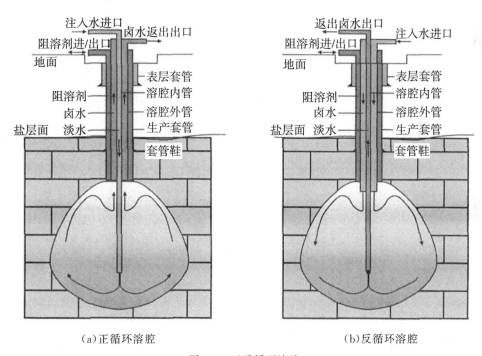

(a)正循环溶腔   (b)反循环溶腔

图 2.2　正反循环溶腔

(资料来源:《盐穴储气库水溶造腔工艺优化研究与现场应用》[4])

溶腔形状控制参数主要包括油垫方式与位置、注采管位置、循环方式及注入排量等[5],良好的溶腔形状控制需要优化各项参数及其溶腔时间。为此,山东大学联合中石油勘探开发研究院地下储库研究中心研发了一套盐岩可视化单井造腔模拟和形态控制装置。

2.2 盐穴造腔与形态控制模拟试验系统原理与功能

2.2.1 盐岩单井造腔物理模拟试验系统原理

本套试验装置可以实现盐岩造腔过程的可监测物理模拟。研究多夹层盐岩在多场耦合条件下的造腔过程、形态变化规律、夹层破坏过程、卤水浓度变化规律、造腔工艺对盐腔形态的影响以及多夹层盐岩在多场耦合条件下的溶解速度等变化情况,并通过与数值模拟相结合,为实际盐穴储气库设计和建造提供技术支持。

盐岩单井造腔原理如图 2.3 所示,其物理模拟需要考虑盐岩所处的温度和地应力环境,真实模拟溶腔形状控制的主要参数包括油垫方式与位置、注采管位置、循环方式及注入排量等,另外还需要实现造腔过程的可视化,即能实时的监测溶腔发展变化情况。

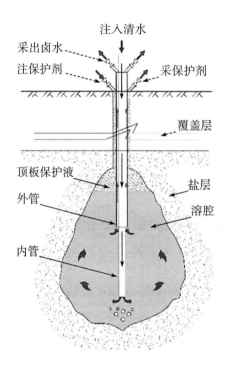

图 2.3　盐岩单井造腔原理

由于模拟试验采用的模型材料为盐岩,当温度、地应力和浓度与现场相同时,盐岩的溶解速率仅与流量相关[6]。根据相似原理,选定的几何比尺为 $C_L = 1/400$,时间比尺为 $C_t = 1/1000$,现场流量为 $30 \sim 120$ m³/h[7],量纲分析得到流速相似比尺 C_v 的关系式为: $C_v C_t = C_L^3$,由此可推算出模拟流速为 $v = 7.6 \sim 30.4$ mL/min。

试验装置应该具备以下主要技术指标:

(1)在地应力和地层温度等多场耦合条件下,可进行多夹层盐岩造腔过程中的溶腔形态变化规律的物理模拟,模拟地应力为 $0.1 \sim 20.0$ MPa。

（2）可模拟注采水过程，并能控制注采速度，其注水和出水管为内外同心管，可模拟正、反循环，可模拟的注水流量为 0.1～100.0 mL/min。

（3）具备顶板保护液注采和液位探测功能，可控制造腔高度；

（4）模型最大尺寸为 400 mm×400 mm×800 mm，适应 $\varnothing$200 mm×400 mm 柱状试件。

（5）可实时测量卤水浓度变化规律及溶腔形态。

2.2.2　盐穴造腔与形态控制模拟试验系统功能

控制多夹层盐穴的造腔形态对于盐穴储气库的长期稳定性和安全运营至关重要，针对我国盐穴储气库建库地质条件具有层状分布、含夹层多、埋藏深度差异大等特点，研制成功的盐穴造腔模拟与形态控制试验装置为室内模拟研究并确定最优的盐穴造腔工艺和形态控制参数提供了先进的试验手段。试验装置可进行多夹层盐岩在多场耦合条件下不同施工工艺和参数对盐穴造腔过程影响与形态发展的可视化模拟。针对不同尺寸盐芯的造腔模拟试验表明，研制的试验装置结合溶腔发展预测及注油估算程序能较好地模拟出多夹层盐穴造腔的可视化过程，试验研究并确定的盐穴造腔施工和形态控制参数可应用于现场工程[3]。

2.2.3　盐穴造腔模拟过程

利用多场耦合模拟系统，通过油缸向盐芯双向加压以模拟地下围岩应力。利用水循环溶解盐腔，并通过注采循环系统控制进出水管的位置和保护液的液面高度，对当前溶解工作区进行调整。

2.2.4　可视化模拟过程

可视化实时监测的实现通过在盐岩模型上方打孔，将传感器固定在操纵杆一端，通过盐岩上部的钻孔将传感器送入溶腔（腔体内充满一定浓度的盐水液体）。传感器在升降电机的带动下，在某个高度的竖直方向定位后，旋转马达启动，旋转一定角度后，传感器定位，并通过传感器探头发射超声波信号进行测距。利用距离传感器测量腔体半径，并通过操纵杆调整传感器方向来测量传感器距离底部的深度，采集测距信号后由电子系统运算得出实时距离（L）并上传至工控机软件系统，然后继续旋转到下一个位置，直到旋转一周后，升降马达将传感器提升或下降一定距离，继续下一层测量；将每一圈的 L 值在数据库中记录后，通过软件将一个测量周期的所有 L 值在系统中形成三维模型，并以相应的图像显示出来。数据库可以记录整个试验过程的全部数据，包括每个时刻探头的位置、测量值、进出水管高度以及溶腔尺寸等。

2.3　地下盐穴储气库造腔控制物理模拟试验系统设计

2.3.1　多场耦合模拟系统

多场耦合模拟系统可实现真三轴地应力加载和温度模拟。

2.3.1.1　真三轴地应力加载模拟

模型试验上部加载采用液压加载系统,山东大学为了解决现有技术存在的地下工程模型试验中不能实现逐级卸载的难题,以及加卸载精度和长时保压效果不理想的问题,研制了一种适用于模型试验的多路高精度液压加卸载伺服控制系统。同一个液压泵站可分为多级加压,便于以后在水平方向分级加压。压力传感控制系统可采用触摸液晶屏压力控制系统控制,可自己设定任何一个压力数值,其数值可控制在某一范围内。采用伺服系统控制整个泵站可形成自动化控制,具备保压、压力补偿等功能。整个系统适用于三轴加压,系统原理如图 2.4 所示。

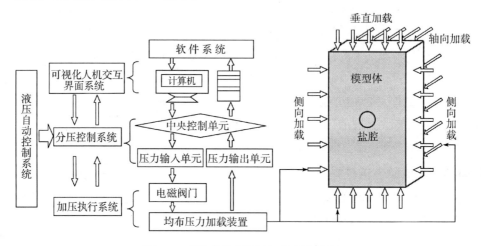

图 2.4　高精度静态液压加载系统原理

液压站由箱体、电机泵组、滤油器、溢流阀、压力表及开关、比例伺服阀、蓄能器、压力开关、分油阀板、管路等组成,如图 2.5 所示。液压站的油路都安装有滤油器,保证为液压阀提供洁净的液压油;溢流阀用于调整系统基本压力;压力表及开关用于观察各个油路的压力状态;比例伺服阀是系统中的关键部件,通过控制器和软件的控制以及传感器的反馈,实现对加载单元的动态高精度控制;蓄能器为比例伺服阀提供备用动力。当设备进行长时间试验时,可以只使用蓄能器为比例伺服阀提供压力,而电机泵组处于空载状态,这样可以减少能量损失,并降低液压站的发热。蓄能器还能减少油路中的液压脉动;液位传感器、温度传感器、堵塞报警器和压力开关检测液压站中各指标的正常,可保证液压站在正常、安全的状态下工作;分油阀板可以使管路布局更合理、更容易连接,主机与总分油阀板之间采用软管,容易连接,总分油阀板与液压站之间采用硬管连接,管路损失小,布局容易。

图 2.5　液压站

液压油缸有一个进油管和一个出油管,工作时油缸底部安放于反力架上,顶部作用于加载传力垫块上,实现对模型进行加载。油缸为双向油缸,行程不小于 100 mm,油缸推力杆直径为 ∅90 mm,顶部带推力调节法兰盘。每个液体压油缸最大吨位不小于 20 t,必须要有足够的出力精度,其出力误差在 5～20 t 的范围内不得超过荷载量的 3%。液压油缸的加工按照《液压千斤顶》(JJG 621－2005)[8]执行,造型美观,并做防锈、防腐处理,且每个液压油缸都必须经过专业的权威部门标定。

研制的液压控制系统由最初的手动控制改进为电子表手动、自动控制,最后改进为触摸液晶屏自动控制系统,如图 2.6 所示,图中接线口的标号 1 为系统电源线,2、3 和 4 号接线口与液压站对应连接。同一个液压泵站可分为多级加压,便于以后在水平方向分级加压。压力传感控制系统(界面见图 2.7)可采用触摸液晶屏压力控制系统控制,可设定任何一个压力数值,其数值可控制在某一范围内(如果采用伺服系统控制整个泵站可形成自动化控制),具备保压、压力补偿等功能,整个系统适用于三轴加压。液压控制系统按照 12 路输出控制,为彩色触屏式自动控制系统,具有自动和手动功能,10 英寸(1 英寸＝25.4 毫米)触摸控制屏具有设定、控制和液压数字显示等功能。

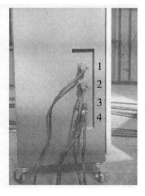

图 2.6　触屏式液压自动控制系统

（a）自动模式　　　　　　　　　　　（b）手动模式

图 2.7　压力传感控制系统

2.3.1.2　盐岩地温模拟

地温模拟通过在装置内部安装加热模块实现。在盐块试件周围安装加热模块,加热模块外面有隔热垫,盐芯与加热模块之间有温度传感器,可以实时测量盐芯的温度,从而控制盐芯温度。为满足大型模型试验装置的控温、保温需求,加快模型干燥成型并且真实模拟地温赋存环境,需要在加载推力板表面及密封箱体内表面布设热流道,实现试验仪器在动-静加载条件下加温。热流道控制线路穿过加载板及加载活塞引出,并通过密封箱体的内表面局部布置硅橡胶加热带、外表面布置保温层,以减少热量损失提高加热效率。高精度多通道温度智能控制系统可实现温度平滑调节,实时反馈并分别调节各个加热原件的温度,保证试验过程中的试件整体温度恒定,具体原理如图 2.8 所示。

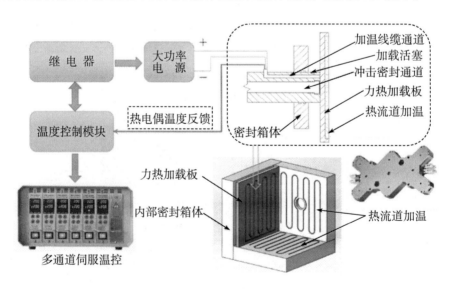

图 2.8　温度场模拟原理

2.3.2 注采循环系统

注采循环系统包括盐穴溶解注采水循环系统和盐腔顶板保护液注采系统,如图 2.9 所示。

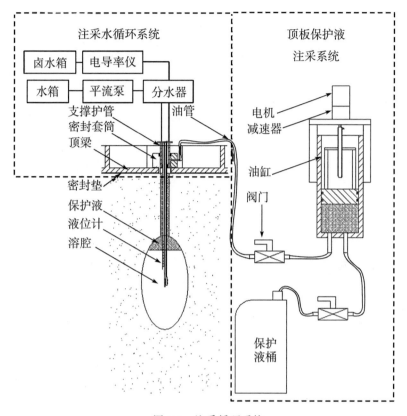

图 2.9　注采循环系统

注采循环系统包括淡水压注系统、卤水采出系统和卤水处理系统等。淡水压注系统由水箱、平流泵、管路、水温控制系统、阀门等组成,水箱盛水量不低于溶腔总体积的 10 倍。卤水采出系统由采出管路、卤水浓度测试系统组成,采出的卤水需要卤水处理系统进行处理。

顶板保护液为柴油,其注采过程由内径为 180 mm 的活塞式油缸和进出油管完成。首先封闭进油管,通过出油管采集柴油,采满一油缸。需要注油时封闭采油管,电机压活塞,油缸加压,柴油从进油管进入盐腔;需要采出油时封闭采油管,电机拉动活塞,油缸减压,柴油从盐腔中抽出。排油时,封闭进油管,通过采油管排空油缸内的柴油。

2.3.3 注采动态参数测量系统

卤水浓度测定采用电导率仪(见图 2.10)实时测试,淡水压注系统采用平流泵、水温控制系统等实时控制注入淡水的水量和水温。电导率仪广泛应用于火电、化工化肥、冶金、环保、制药、生化、食品和自来水等溶液中电导率值的连续监测。

图 2.10　电导率仪

根据相关资料,经过多次讨论后,制订出多夹层盐岩造腔可视化系统研制方案,进出水管及探头升降系统设计原理如图 2.11 所示。进水管和出水管分别采用直径相同的直管,进出水管以及探头都是随旋转套一起旋转的,这样探头比较靠近轴心,更加节省空间,降低最小量程范围。

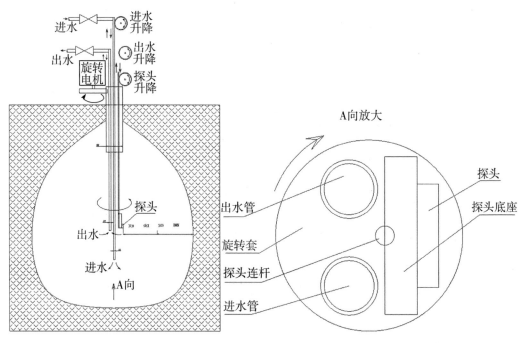

图 2.11　进出水管及探头升降系统原理

2.3.4　盐腔形态动态数据采集系统

为实时掌握多夹层盐穴储气库造腔的全过程和空间形态的变化过程,从而研究注采系统和上提速度等多因素对储气库形态的影响,需要实时监控储气库造腔形态发展全过程。储气库造腔形态发展全过程可通过非接触微型超声形态量测系统实时监测分析完成。

岩盐溶腔如图 2.12 所示,在盐岩模型上方打孔,通过控制杆将距离测量传感器放入溶腔内,调整传感器方向实时测量其本身与四周溶腔内壁的距离并通过软件生成溶腔的尺寸和形状。传感器拟用方法如图 2.13 所示,将传感器固定在操纵杆一端,通过盐岩上部的钻孔将传感器送入溶腔(腔体内充满一定浓度的盐水液体),利用距离传感器测量腔体半径 d_1,并通过操纵杆调整传感器方向测量传感器距离底部深度 d_2,调整操纵杆将传感器送至不同深度采集数据。工作流程如图 2.14 所示。

图 2.12　岩盐溶腔

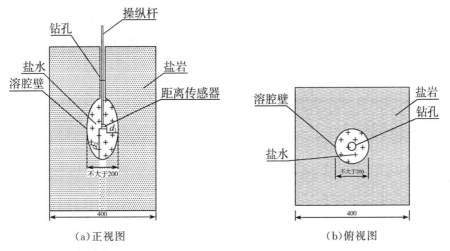

(a)正视图　　　　　　　　　　(b)俯视图

图 2.13　传感器布置(单位:mm)

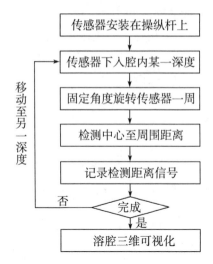

图 2.14　造腔过程三维可视化工作流程图

为了适应带压卤水环境,研制了激光视频微距探测系统[3],该系统由激光视频微距探头和配套的 VideoMeasure 测距软件组成。测距原理是采用激光视频图像识别的原理,如图 2.15 所示。激光视频微距探头由内窥摄像头、激光发射器及反光镜组成,可上下和水平方向进行 360°旋转,通过控制旋转角度和角速度实现录像和测距。探头可在某一高度旋转 360°,可任意设定旋转角度,如每次设定 10°,则每旋转 10°探头就会暂停以完成测距。

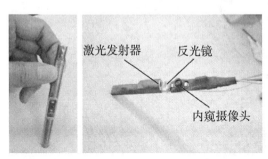

图 2.15　激光视频微距探测系统

测试时被测物体表面距探头的距离不同,则视频录像中激光点距中心点的距离不同。因为摄像头像素、摄像头与激光射线的平行距离以及视角固定(P_1、h、α 为定值),若被测面垂直于激光射线,根据视频激光点中心距视频中心的像素数,可计算出当前视频的尺寸并计算出摄像头距物体表面的距离。以图 2.16 中被测面 1 为例,探头距被测物体实际距离与视频激光点中心距视频中心的像素数与盐腔半径的关系式如下:

$$D = \frac{P_2 \cdot h}{P_1 \cdot \tan\alpha} \tag{2-1}$$

式中,P_1 为相机像素的二分之一,值为 540;P_2 为视频激光点中心距视频中心的像素数;h 为激光发射点与摄像头的平行距离,值为 10 mm;α 为微型摄像头视角的二分之一,值为 30°，如图 2.16 所示。

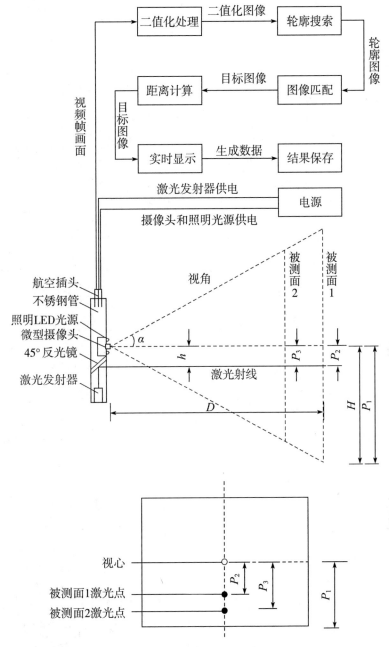

图 2.16 用激光视频图像识别的原理

2.3.5 动静组合密封技术

造腔模拟过程中需要在试件中注水和注油，因此，保证造腔试验中试件内部的密封性至关重要，试验装置采用了密封环及密封胶进行密封，可实现造腔试验中的静态和动态密封，实现了试件与装置密封、旋转轴密封和内外水管密封，如图 2.17 所示。

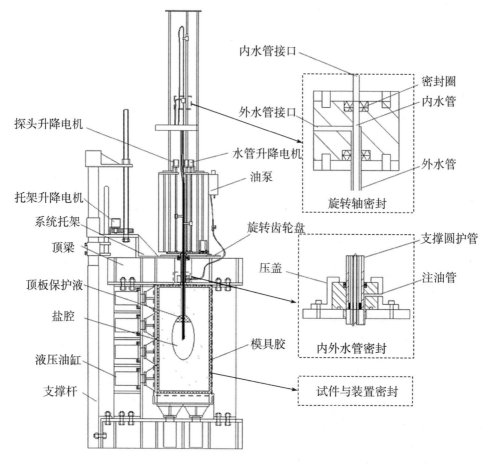

图 2.17　密封原理图

2.3.5.1　试件与装置密封

为保证水与保护液通过试件与装置反力框架密封,将试件表面均匀涂抹模具胶,并放入盐岩多场耦合加载装置中,然后将装置顶梁固定并拧紧螺丝,最后通过底部方向的液压油缸加载使得试件与装置内表面紧密贴合,达到弹性密封的效果。

2.3.5.2　旋转轴密封

在造腔模拟试验中,注采水管、液位计、激光视频微距探测系统都可以相对于试验装置灵活改变位置与角度。注采水管、液位计、激光视频微距探测系统穿过支撑圆护管,旋转轴密封环安装于试验装置顶板上部,通过压盖与螺丝固定;旋转轴密封环下部以及密封环与支撑圆护管之间设有密封圈,试验时支撑圆护管可通过顶板密封环上下移动旋转,避免水与保护液从注采口流出。

2.3.5.3　内外水管密封

为保证在密封的情况下实现同心套管注采水分离,外水管顶端设计有注采水分离密封环,同心内水管穿过密封环并通过密封圈密封,密封环侧面留有出水口,外水管中的卤

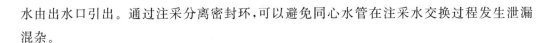

水由出水口引出。通过注采分离密封环,可以避免同心水管在注采水交换过程发生泄漏混杂。

2.4 本章小结

本章主要阐述了地下盐穴储气库造腔控制物理模拟的原理,并提出了物理模拟试验系统的设计方案。主要结论如下:

(1)通过对比得到了单井造腔与水平造腔的优缺点。单井造腔控制参数主要包括油垫方式与位置、注采管位置循环方式及排量等。

(2)基于盐岩单井造腔原理,成功研制的盐穴造腔与形态控制实验装置为确定最优盐穴造腔工艺和形态控制提供了先进的试验手段。

参考文献

[1] 陈涛. 盐矿水平井老腔形态探测与模拟实验研究[D]. 重庆：重庆大学，2018.

[2] 班凡生，申瑞臣，袁光杰，等. 单井盐穴的溶腔物理模拟装置及方法：CN201510561021.5[P]. 2015-11-25.

[3] 王汉鹏，李建中，冉莉娜，等. 盐穴造腔模拟与形态控制试验装置研制[J]. 岩石力学与工程学报，2014(5)：921-928.

[4] 王元刚，周冬林，邓琳，等. 盐穴储气库水溶造腔工艺优化研究与现场应用[J]. 西南石油大学学报(自然科学版)，2018，40(5)：147-153.

[5] 姜德义，宋书一，任松，等. 三轴应力作用下岩盐溶解速率影响因素分析[J]. 岩土力学，2013，34(4)：1025-1030.

[6] 田中兰，夏柏如. 盐穴储气库造腔工艺技术研究[J]. 现代地质，2008，22(1)：97-102.

[7] 万玉金. 盐层储气库溶腔形状控制模拟技术研究[D]. 北京：中国地质大学(北京)，2005.

[8] 中华人民共和国国家质量监督检验检疫总局. 液压千斤顶：JJG 621—2005 [S]. 北京：中国计量出版社，2005.

3 多夹层盐穴造腔模拟与形态控制试验系统

3.1 试验系统功能

根据物理模拟原理,综合考虑实验室应力加载条件、模型制作难易程度、试验台的可操作性和现场工程实际,确定了模拟试验系统的几何模型尺寸、加载系统量程等参数,最终研制成功盐穴造腔模拟与形态控制试验系统[1]。试验装置框架的三维设计图与实物图如图 3.1、图 3.2、图 3.3 所示,试验系统主要参数如表 3.1 所示。

本套试验系统可以实现盐岩造腔过程物理模拟的可视化。研究多夹层盐岩在多场耦合条件下的造腔过程、形态变化规律、夹层破坏过程、卤水浓度变化规律、造腔工艺对盐腔形态的影响以及多夹层盐岩在多场耦合条件下的溶解速度等变化情况,通过与数值模拟相结合,最终确定多夹层盐穴储气库造腔过程中的最优施工控制参数,为实际盐穴储气库设计和建造提供技术支持。

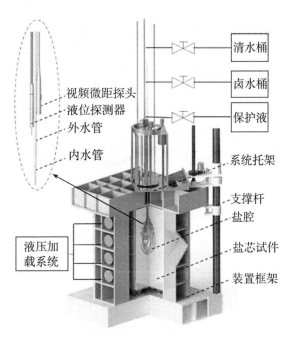

图 3.1 盐穴造腔模拟试验三维设计图

图 3.2　盐穴造腔模拟试验系统（实物）

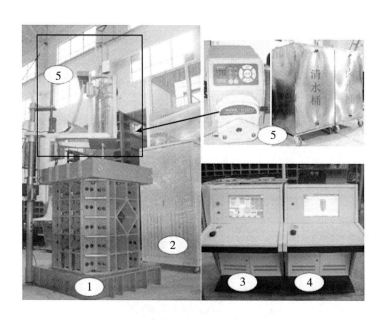

1—模型反力装置框架；2—多场耦合模拟系统；3—注采动态参数测量控制系统；
4—盐腔形态动态数据采集系统；5—注采循环系统

图 3.3　盐穴造腔模拟试验设备

表 3.1　试验系统主要参数

基本尺寸/mm			多场耦合模拟控制			采集物理量
试验仪外形尺寸	最大试验空间	试件尺寸	模拟地应力加载/MPa	模拟的注水流量/(mL/min)	温度控制/℃	卤水浓度盐腔形态保护液高度
1130×1130×3700	400×400×800	∅200×400	0.1～20.0	0.1～100	20～50	

3.2　试验系统构成

多夹层盐穴造腔模拟与形态控制试验系统主要由盐岩多场耦合模拟系统、注采循环系统、注采动态参数测量控制系统、盐腔形态动态数据采集系统组成,系统构成如图 3.4 所示。试验装置框架为主体结构,试验时盐芯试件放置在试验装置内部;多场耦合模拟系统可模拟地应力和地温;注采循环系统包括注采水循环系统和顶板保护液注采系统;注采动态参数测量控制系统包括机械机构和控制系统,可实现旋转角度控制、水管高度控制和探头高度控制;盐腔形态动态数据采集系统包括卤水浓度测量、实时图像录制、激光实时测距和溶腔形态生成系统[1]。

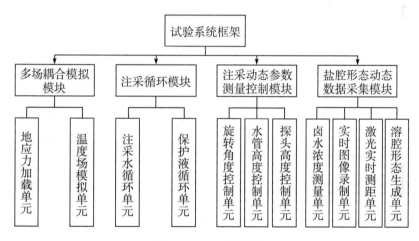

图 3.4　试验系统构成

3.2.1　试验装置框架

试验装置框架是本试验装置系统的主体结构,主要由模型反力框架、加载系统、升降旋转定位系统和注采及形态探测系统等组成,如图 3.5 所示。

图 3.5 中的模型反力框架主要由底梁、竖梁、透视反力窗和顶梁等组成,其反力梁内部镶嵌加载系统,实现三个面的真三轴加载。底梁(见图 3.6)为试验装置提供自反力,液压油缸固定在底板上,通过底板四个小孔,由推力器将作用力传递到模型底部,底梁上安装有立轴,立轴上安装有水平定位杆和系统托架,系统托架可通过电机实现上下升降和

平移,水平定位杆的作用是实现系统托架的定位固定;透视反力窗(见图3.7)由菱形窗格、反力架及透视钢化玻璃组成,满足既能提供自反力又能实时观察模型的要求;顶梁(见图3.8)为模型提供顶部的自反力,上部开孔,为注液、测量提供操作空间。加载系统(见图3.9)主要由两组侧面和一组底面的液压油缸(见图3.10)组成,共计24个,每个液压油缸提供20 t出力,由推力器传递到模型表面,推力器尺寸为20 cm×20 cm,可为模型表面提供最大5 MPa的荷载。

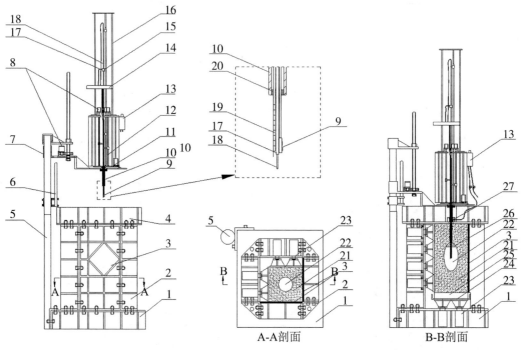

1—底梁;2—竖梁;3—透视反力窗;4—顶梁;5—立轴;6—水平定位杆;7—系统托架;8—电机;
9—激光摄像测距仪;10—支撑护管;11—旋转齿轮盘;12—固定螺旋杆;13—保护液注采泵;14—接线盒;
15—内外管分隔器;16—垂直支架;17—外水管;18—内水管;19—液位计;20—密封块;21—盐岩试件;
22—溶腔;23—加载系统;24—接水槽;25—模型垫块;26—顶板保护液;27—密封套筒

图3.5　试验装置框架结构组成

图3.6　底梁示意图

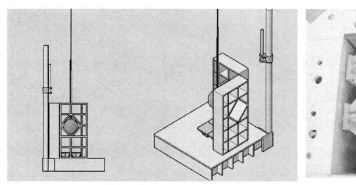

（a)设计图 (b)实物图

图 3.7 透视反力窗示意图

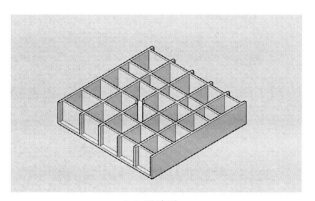

（a) 设计图

（b）实物图

图 3.8 顶梁示意图

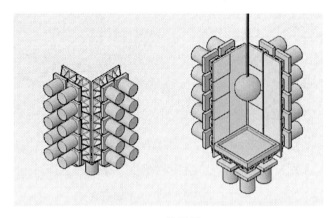

(a)设计图　　　　　　　　　　　　　(b)实物图

图 3.9　加载系统示意图

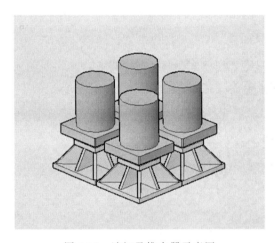

图 3.10　油缸及推力器示意图

系统托架上安装有注采及形态探测系统,注采水循环系统由内外管分隔器、垂直支架、外水管、内水管等组成,其中内水管套入外水管中;顶板保护液注采系统由保护液注采泵通过密封套筒实现,其液位高度实时探测由液位计实现;形态探测系统由激光摄像测距仪实现。外水管、液位计和激光摄像测距仪穿过支撑护管,它们与支撑护管之间安装有密封块。注采及形态探测系统固定在旋转齿轮盘上实现水平旋转,而内外水管、液位计和激光摄像测距仪则通过电机带动沿固定螺旋杆上下运动。注采水管、控制与数据信号线均连接到接线盒内,再通过接线盒与多场耦合模拟系统、注采动态参数测量控制系统、盐腔形态动态数据采集系统和注采循环系统连接。

试验时,盐岩试件放置在模型反力框架中间,其下为模型垫块和接水槽(见图 3.11),可实现可视化实时溶腔试验。

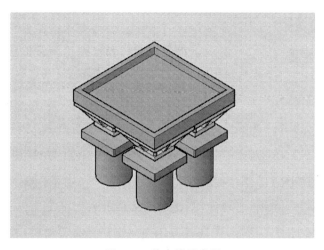

图 3.11　接水槽示意图

3.2.2　多场耦合模拟系统

多场耦合模拟系统可实现真三轴地应力加载模拟和地温模拟。地应力加载模拟采用山东大学自主研制的适用于模型试验的多路高精度液压加卸载伺服控制系统[2]。该系统采用模块化分油路设计,总油路采用电液比例溢流阀控制压力,各分油路采用可控电磁单向阀和三位四通电磁阀实现与总油路的连通与断开以及各分油路的压力设定,该系统实现了模型试验加载和卸载的计算机伺服智能高精度控制。图 3.12 是多路高精度液压加卸载伺服控制系统的加卸载曲线。地温模拟通过在装置内部安装加热模块实现,在盐块试件周围安装加热模块,加热模块外面有隔热垫,盐芯与加热模块之间有温度传感器,可以实时测量盐芯的温度,从而控制盐芯温度。

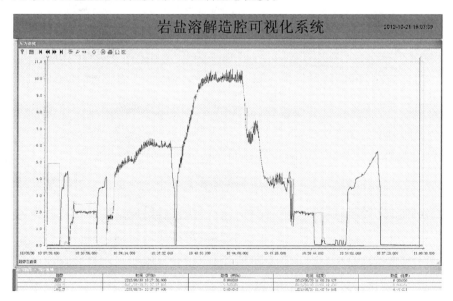

图 3.12　液压加载和卸载曲线

3.2.3 注采循环系统

注采循环系统包括盐穴溶解注采水循环系统和盐腔顶板保护液注采系统。盐穴溶解注采水循环系统包括平流泵(型号 BT300N,见图 3.13)、注清水管、采卤水管、清水箱、卤水箱以及转换阀门等。内水管和外水管为同心圆结构,内水管在外水管内部,内外水管的外径分别为 3.0 mm 和 5.2 mm,两者可互换实现正反循环。内外水管可通过电机和丝杆实现单独上下升降,模拟不同造腔过程内外水管的高度与间距。内外水管分别与平流泵连接,可实现注采水方式转换,模拟内注外采和外注内采两种不同循环方式。平流泵通过计算机外部控制模式控制流速,注水流量在 1~100 mL/min 范围内可调,可实现向盐腔内注入恒定流量的清水,并在腔内压力的作用下将溶解的卤水从采卤水管排出。卤水的浓度可通过数显电导率仪进行测量,注水流速和卤水浓度的变化反映了盐岩造腔的速度。

图 3.13　注水平流泵

顶板保护液注采系统由注油泵、保护液桶、油管和油垫高度探针等组成,如图 3.14 所示。注油泵由微型电机、减速器和油缸组成,微型电机动力通过减速器控制油缸活塞的升降,从而实现向盐腔内注油或采油。油垫高度探针由高度耐腐蚀的蒙乃尔合金制作而成,可长时间浸泡于卤水当中,是盐腔顶板保护液高度的探测传感器,可实现精确控制注油量和确定油垫高度的目的。图 3.14 中保护液液位计下部探针在盐水中,如果水油交界面在 5、6 号探环之间,则 1、2、3、4、5 号探环均在盐水中。根据盐岩溶液导电性能良好和油不导电的性质,盐水与探针短接,转化为数字信号即读数显示为 5,则水油交界面在探针以上 50~60 mm 之间;若测得探针的深度,即测得了油垫的深度。通过上述造腔技术研究,在小尺度试验系统中真实还原了单井造腔工艺,解决了造腔试验过程中可能出现的盐岩过溶或偏溶问题。进一步研究注采物理参数对造腔成型的影响,对现场工程具有指导意义。

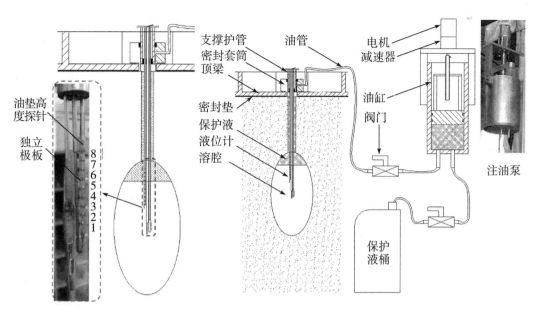

图 3.14　顶板保护液注采系统

卤水浓度通过电导率仪(见图 3.15)实时测试,淡水压注系统采用平流泵、水温控制系统等实时控制注入淡水的水量和水温。顶板保护液为柴油,其注采过程由内径为 180 mm 的活塞式油缸和进出油管完成。首先封闭进油管,通过出油管采集柴油,采满一油缸;需要注油时封闭采油管,电机压活塞,油缸加压,柴油从进油管进入盐腔;需要采出柴油时封闭采油管,电机拉动活塞,油缸减压,柴油从盐腔中抽出。排油时,封闭进油管,通过采油管排空油缸内的柴油。

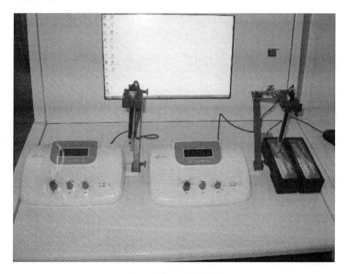

图 3.15　电导率仪

3.2.4 注采动态参数测量控制系统

造腔与形态控制试验过程涉及进水与出水流速、流量控制、水管高度控制、微型探头高度与角度控制和动态数据采集控制等,如图 3.16 所示。各控制单元的控制方式独立,但是在试验中又需要协同工作,容易出现控制复杂、数据显示混乱的问题,影响试验操作及数据分析。因此需要采用集成控制,注采动态参数测量控制系统能综合控制多场耦合模拟系统、注采循环系统和溶腔形态采集系统,其界面如图 3.17 所示,主要功能分区如下:

(1)仪器控制系统界面右侧区域为地应力加载控制模块,地应力加载控制采用自主研制的适用于模型试验的多路高精度液压加卸载伺服控制系统[2]。通过设置每个油路压力和回差值,系统可实现模型试验加载和卸载的计算机伺服智能高精度控制。

(2)仪器控制系统界面中部区域盐岩形态动态数据采集控制模块,通过设置探头升降速度、升降步距、旋转盘旋转速度,旋转步距控制探头升降电机,探头旋转电机带动激光视频微距探测系统向下移动及旋转,系统可实现盐腔形态实时精确动态采集,如图 3.18 所示。同时,控制软件与 VideoMeasure 测距软件通过网线通讯连接,将探头深度和角度数据实时传递给测距软件计算分析。

(3)仪器控制系统界面左侧为注采及形态控制模块,注采及形态控制模块安装在系统托架上;安全托架上设有带动托架转动的电机、带动出水管升降的电机、带动进水管升降的电机,可以精确控制进水管、出水管高度及相对位置;进水管和出水管分别与外部进水管和出水管连接,其中外部进水管与恒流泵连接,通过进水管向溶腔注清水,溶腔内的液体压力驱使卤水从出水管流出;注油电机可以精准控制保护液注入盐腔当中,实现盐腔溶解及形态测试的自动控制。

多场耦合模拟系统包括液压加载控制系统和地温模拟系统,能精确控制各分路地应力和地温,可分别进行设定、实时显示和保存曲线。注采循环系统包括平流泵流量控制、内外管高度控制和油垫高度控制,该系统能设定、显示并保存平流泵流量,并且可以分别设定和显示内管外管的升降高度,探测和控制油垫高度。溶腔形态采集系统能控制旋转齿轮盘的旋转速度以及探头单次旋转角度和深度,从而实现对盐岩溶腔过程中盐腔形态的动态数据采集。通过以上集成控制方法,精简了控制系统所需空间,提高了控制精度和控制效率,实现了液压加载控制模块、注采及形态控制模块同动态监测控制模块的多物理量、高频率、高精度控制融合。

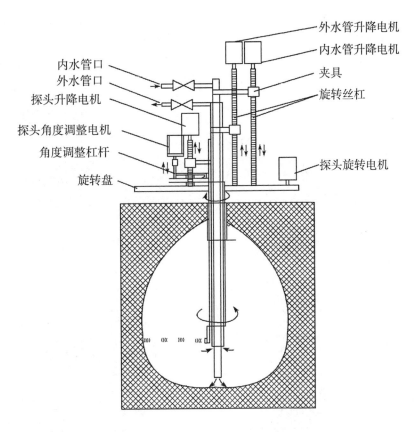

内水管口
外水管口
探头升降电机
探头角度调整电机
角度调整杠杆
旋转盘

外水管升降电机
内水管升降电机
夹具
旋转丝杠
探头旋转电机

图 3.16　形态控制与监测控制原理

（a）操作系统主界面

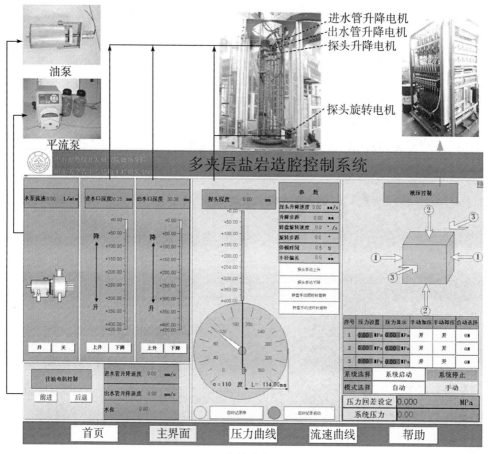

（b）控制系统界面

图 3.17　仪器控制系统

（a）探头旋转控制设备实物图

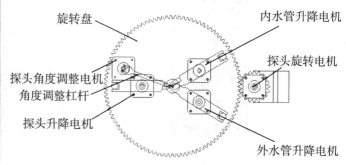

（b）探头旋转控制原理图

图 3.18　探头旋转控制

3.2.5　盐腔形态动态数据采集系统

为实时掌握多夹层盐穴储气库造腔的全过程和空间形态变化过程,盐穴储气库的腔体体积及形状通常采用声呐检测仪[3]进行探测。由于模拟盐腔尺寸较小,且盐穴具有孔小腔大的特点,装置模拟的溶腔直径仅 50～250 mm。目前测距方法主要有超声波测距、红外测距、激光测距。但是超声波频率存在精度较差、探头指向性太强等缺点,角度稍有偏差就没有读数;红外测距探头对被测物体的颜色较敏感,容易造成数据误差;激光测距仪最小测试距离为 300 mm,无法满足本试验尺寸要求。因此,我们将激光和摄像头结合起来,研制出可在带压卤水环境工作的激光视频微距探测系统[1],如图 3.19 所示。该系统由激光视频微距探头和配套的 VideoMeasure 测距软件组成。激光视频微距探头体积仅为 $\varnothing 9$ mm×70 mm,探头的上部设有 MD6 针头,方便与探测杆下端的孔头连接。整个探头具有良好的密封效果,能适应带压卤水环境。

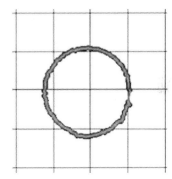

图 3.19　激光视频微距探头及试验验证

3.2.5.1　激光视频微距探测系统的总体框架

盐岩溶腔环境下的激光视频实时微距测试系统主要由以下四个大模块构成:系统参数设置模块、视频加载模块、实时显示模块以及结果保存模块。每个大模块又由几个小模块构成,其中参数设置模块主要由 COM 端口设置模块、RGB 颜色值设置模块、表达式参数设置模块、图像搜索范围设置模块、激光点大小设置模块以及通信角度设置模块构成;视频加载模块主要由摄像头加载模块和视频加载模块构成;实时显示模块主要由实时距离显示模块、模拟剖面形状显示模块以及当前系统时间显示模块构成,可以实时显示摄像头拍摄的实时数据以及相应的激光点位置、距离、角度等数据;结果保存模块主要由视频、图像以及文件保存三个模块构成。其整体框架如图 3.20 所示。

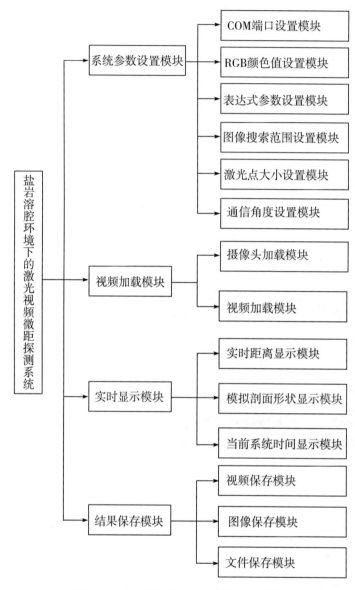

图 3.20　激光视频微距探测系统的整体框架

3.2.5.2　激光视频微距探测系统的原理

　　激光视频微距探测系统基本原理为激光视频图像识别,被测物体表面距探头的距离不同,则照射在物体表面的激光点在视频录像中的距离也不相同,利用红色激光照射到盐岩溶腔环境中,在盐岩溶腔上形成红色激光点。通过摄像头对含有红色激光点的盐岩溶腔进行实时拍摄,经过进一步图像处理,找到视频中的红色激光点,根据公式反推出每层盐岩溶腔中的盐岩溶腔直径,同时实时显示相关的距离、角度等信息。测试原理流程图如图 3.21 所示,主要有六个步骤。

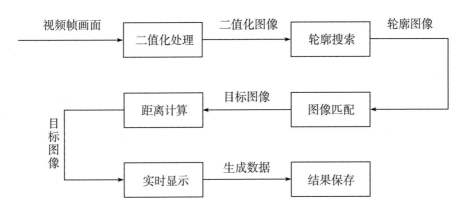

图 3.21 测试原理流程图

(1)图像二值化处理,找到满足条件的区域。由于试验中采用红色激光点技术,因此图像中会有比较明显的视觉特性,从而可以大致判断出目标可能所在的区域。通过判断图像中的像素值大小,给定阈值,满足条件的图像变为白色,其他变为黑色,其 RGB 颜色条件为 $R \geqslant 200, G \leqslant 180, B \leqslant 180$。由于环境中噪声等因素的存在,直接通过二值化技术不能真正准确地找到目标所在的位置,需要对二值化的图像进行进一步的处理。

(2)找到二值图像中所有连通的区域,并排除比较小且明显不是目标的区域。轮廓搜索是整个测试中的核心部分,采用传统的轮廓搜索算法,在试验环境中利用 OpenCV 提供的 FindContours 函数,同时采用矩等技术确定每个区域的中心位置以及大小。由于红色激光点有一定的大小,因此对那些找到的非常小的区域,直接排除掉,不进行下一步骤的处理。对剩下的区域(一般情况下大于 2 个),再用图像匹配的方法找到真正目标所在的位置。

(3)对那些找到区域总数大于 1 的图像进行图像匹配,从而找到目标所在的位置。由于步骤(2)一般情况下会产生很多个目标候选区域,因此需要对这些区域进行分析,找到真正的目标。采用图像匹配的方法,首先定义一个目标模板 T,对那些找到的目标区域,在原图像域(RGB 空间)中找到相应区域并与目标模板进行匹配,误差最小的那个区域为最终的目标,可以形式化的描述为式(3-1)。

$$\sum [I(x,y) - T]^2 \rightarrow 0 \tag{3-1}$$

式中,$I(x,y)$ 为当前区域的像素值,T 为模板。

(4)计算目标与图像中心位置的距离,并通过公式得到摄像头与腔壁的距离。由于需要根据目标在图像中的位置反求盐岩溶腔过程中摄像头与腔壁的距离,因此需计算目标中心点与图像中心的距离 X,如式(3-2)所示。摄像头与腔壁之间的距离 L 由式(3-3)给出。

$$X = \sqrt{(c_{目标} - c_{图像中心})^2} \qquad (3\text{-}2)$$

式中，$c_{目标}$ 与 $c_{图像中心}$ 为目标与图像中心的位置。

$$L = r + aX^b \qquad (3\text{-}3)$$

式中，r 为摄像头的宽度；a 和 b 为先前试验学习得到的参数。

(5)对图像进行反转，并在图像中实时的显示距离、角度等信息。由于试验过程中，摄像头是从上往下，倒着进入盐岩溶腔环境中的，因此需要对图像进行反转，同时把前面几个步骤找到的目标以及计算出来的摄像头与腔壁之间的距离、摄像头转动角度等值实时显示在图像中，并在图像中显示相应时刻的时间，以便后续进行研究。

(6)完成之后需要对数据进行保存，以便后续研究。主要保存三种类型的数据：一种为视频数据，包括摄像头实时拍摄的数据，以及在视频帧画面上显示的当前系统时间、摄像头与腔壁之间的距离、摄像头转动角度等信息；另一种为图像数据，主要为模拟每层盐岩溶腔形成过程中的图像信息；最后一种为摄像头与腔壁之间的距离的数据文件信息，可以为后续重构盐岩溶腔结构做准备。

由于盐腔被测面为不规则曲面，公式推导的数据与实际测量的数据存在一定误差，试验验证得到的探头距被测物体实际距离与视频激光点中心距视频中心的像素数的关系曲线如图 3.22 所示，两者符合乘幂关系。经试验检测，测量分辨率为 ± 1 mm，误差满足试验需要。

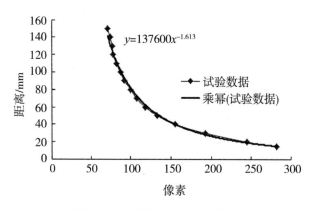

图 3.22　激光视频测距回归曲线

3.2.5.3　激光视频微距探测系统的使用

编制的 VideoMeasure 测距软件可同时完成溶腔过程录像和激光视频测距及形态的动态绘制和数据保存，软件界面如图 3.23 所示。

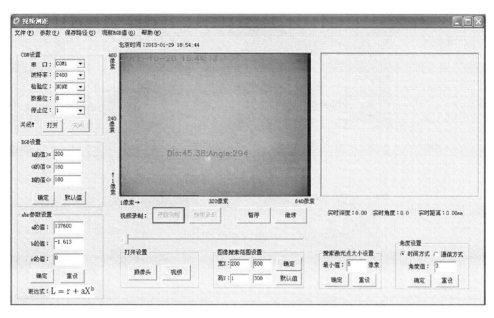

图 3.23　VideoMeasure 测距软件界面

系统的基本功能为打开摄像头对盐岩溶腔进行实时测距或者打开视频回放先前摄像头拍摄保存下的数据。图 3.23 左侧的实时距离显示窗口可实时显示当前系统时间、当前盐岩溶腔层高、摄像头与腔壁的距离、摄像头角度等信息。通过实时显示窗口,可以看到软件运行的整个过程以及盐岩溶腔的情况。参数设置主要包含 COM 端口设置、RGB 颜色值设置、表达式参数设置、图像搜索范围设置、激光点大小设置以及通信角度设置等,是系统的主要功能之一,可以针对不同的环境设置不同的参数,从而得到不同的结果,其主要作用如下:

(1)COM 端口设置:为激光视频实时微距测试系统与 PLC 硬件进行通信的接口设置参数,主要包括串口、波特率、检验位、数据位、停止位等。试验时参照具体硬件对 COM 端口进行正确设置。

(2)RGB 颜色设置:主要通过设置 RGB 的值,生成二值图像,为下一步进行目标区域的搜索做准备。由于试验过程中采用红色激光点,所以激光点在图像上形成的点主要以红色为主。RGB 参数在设置时,R 的值需要大于某个数,G 和 B 的值需要小于某个数。试验时通常设置 R 的值为 200,G 和 B 的值为 180。由于环境不同,红色激光点在图像上形成的红点的 RGB 值有一定范围的波动。因此在不同的环境下,一般需要调整相应的 RGB 值,为了方便获取 RGB 值,激光视频实时微距测试系统提供了在摄像机模式下随时可以观看当前环境 RGB 值的功能——"观察 RGB 值"(见图 3.24)。

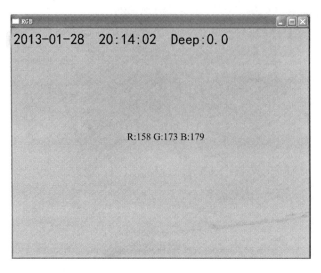

图 3.24　观察 RGB 值界面

（3）表达式参数设置：主要用来计算试验过程中摄像头与腔壁之间的距离，其原理为通过图像上的红色激光点位置和公式（3-3）求解出距离。

（4）图像搜索范围设置：由于试验过程中，红色激光点在图像上形成的点具有一定的范围，而不是整个图像。因此可以通过设置具体的图像搜索范围，缩小算法搜索红色激光点的范围。设置图像搜索范围一方面可以提高算法的速度，另一方面也可以避免一些噪声点，从而提高算法的精度。图像搜索范围设置界面上的宽 X 代表图像的横向比例，高 Y 代表图像的纵向比例。试验时设置的值只能在摄像头拍摄到图像的大小范围内，通常图像范围为宽 1～640，高 1～480。

（5）激光点搜索大小设置：由于试验所用的红色激光点光束具有一定的大小，因此激光点在图像上形成的红色斑点也有一定的直径。试验时通过设定最小的激光点，可以有效地避免一些由噪声产生的杂点，从而提高算法的精度，同时也可以提高算法的速度。

（6）角度设置：是视频测距软件与 PLC 硬件进行通信的关键参数。有两种方式的角度设置，一种为按时间方式，另一种为按通信方式。按时间方式设置需要视频测距软件按相应的角度值，每隔一定的时间保存摄像头转 1 圈所采集的数据。若选择按通信方式，则视频测距软件采集数据的时间完全由 PLC 硬件通过通信的手段提供，此时不能设置具体的角度值。由于视频测距软件与 PLC 硬件通信会有相应的延迟，因此一般情况下选择按时间方式设置。

试验时，利用探头将不同深度的盐腔轮廓实时绘制于激光视频测距及形态的动态绘制窗口，并且可以在溶腔过程录像窗口观察激光点的位置，实时距离显示如图 3.25 所示。当探头上下测量完毕后，可将每一剖面的数据导入 CAD 中，利用成体 plot 命令，将不同深度的腔体形状曲线生成立体图，示例如图 3.26 所示。

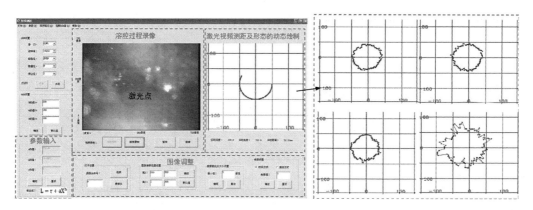

图 3.25 实时距离显示

(a)三维图形显示界面

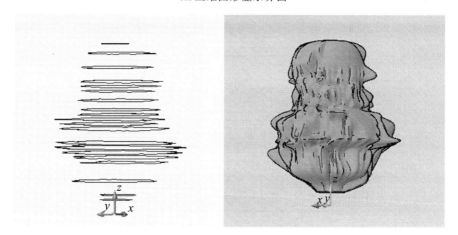

(b)腔体形状曲线与立体图

图 3.26 盐穴造腔三维生成

　　激光视频微距探测系统具有以下优势：①可以实现狭小空间内形状探测或距离的测量，能够在小比例尺模型试验当中对狭小试验空间形状或距离进行实时探测。②设计的视频微距探头在测量盐穴半径的同时，能采集盐穴内部的图像，实时掌握造腔动态，解决了可视化造腔的难题。

3.3　试验步骤与操作流程

　　地下盐穴储气库造腔控制物理模拟试验系统的试验步骤和操作流程如图 3.27 所示。

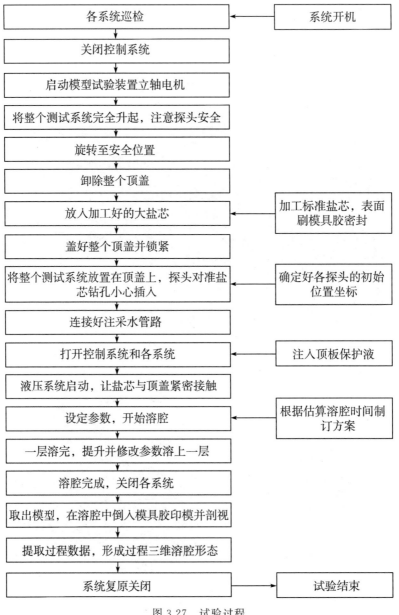

图 3.27　试验过程

采用 400 mm×400 mm×800 mm 的盐芯或直径 200 mm、高 400 mm 的盐芯作为试件开展试验,如果采用高为 400 mm 的圆柱形试件做试验,需配套传力垫块(见图 3.28)。试验时盐芯双端磨平,顶部钻直径 32 mm 深 350 mm 的孔,表面刷 3~4 mm 模具胶,干燥后放入试验装置,周围安装传力垫块。模具胶既能保证均匀传力,又能起到保护试件的作用。

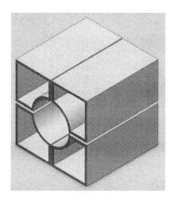

(a)设计图

(b)实物图

图 3.28　传力垫块

加盖顶梁,施加三维地应力,降下系统托架,连接顶板保护液注管;插入注出水管、测距探头和液位传感器并下降至设计位置;注入清水排除空气,加注顶板保护液,设定流量、溶解时间后依次抽取顶板保护液;上提内外管,重设溶解时间,直至全部盐腔溶解完成。

试验结束后取出盐芯,解剖并印模查看溶腔形状,同时运行数据处理程序生成溶腔过程三维图形,并与实际溶腔形状对比分析。

分析试验过程控制参数,优化盐岩水溶造腔工艺和技术参数,为真实的地下单井盐岩水溶造腔提供重要参考。

3.4　本章小结

本章主要介绍了自主研发的多夹层盐穴造腔模拟与形态控制试验系统。

(1)根据现场水溶造腔原理和流速相似准则,研制了盐穴造腔模拟与形态控制试验系统,该系统主要由试验装置框架、多场耦合模拟系统、注采循环系统、注采动态参数测量控制系统和盐腔形态动态数据采集系统等组成。

(2)该系统能实现盐穴造腔过程的可监测物理模拟,可进行多夹层盐穴在多场耦合条件下的盐穴造腔模拟与形态控制研究,可以控制地应力、温度、注水流量和内外水管高度、顶板保护液高度以及探头的高度和旋转角度等参数,实现对造腔过程中溶腔形态的实时监测。

(3)为了保证试验系统可以真实还原单井造腔工况,并且实现盐腔形态控制,在仪器研发与设计过程中,突破了单井造腔模拟技术、水溶造腔模拟动静态密封技术、盐腔形态动态数据图像采集技术、盐腔形态及造腔可视化综合控制技术,解决了单井造腔模拟问题、造腔试验装置密封问题、盐腔形态动态数据图像采集问题以及多物理场集成控制问题。

参考文献

[1] 王汉鹏,李建中,冉莉娜,等.盐穴造腔模拟与形态控制试验装置研制[J].岩石力学与工程学报,2014(5):921-928.

[2] 王汉鹏,李术才,李海燕,等.适用于模型试验的多路高精度液压加卸载伺服控制系统:CN201210108738.0[P].2012-11-28.

[3] 施锡林,李银平,杨春和,等.多夹层盐矿油气储库水溶建腔夹层垮塌控制技术[J].岩土工程学报,2011,33(12):1957-1963.

4　盐岩单井造腔模拟试验

为验证多夹层盐穴造腔模拟与形态控制试验系统的功能和参数,分别采用直径 100 mm 的小盐芯和直径 200 mm 的大盐芯试件进行了试验。试件由取自江苏金坛深度 1000 m 的盐岩钻芯加工而成。

4.1　直径 100 mm 的小盐芯验证试验

4.1.1　试件制作

直径 100 mm 的小盐芯试件(见图 4.1)用来测试注采循环系统,并设计加工了配套的透明密封装置。试验时盐芯双端磨平,顶部钻直径 10 mm 深 100 mm 的孔,表面刷模具胶,干燥后放入 110 mm 直径的岩心透明密封装置并盖上上盖,盐芯顶部和上盖之间用密封胶填充,如图 4.2 所示。

图 4.1　小盐芯实物图

图 4.2　透明密封装置及试验照片

—— 68 ——

4.1.2　试验过程及结果

试验时先注入顶板保护液,插入内外水管,准备溶腔,流量设定 10 mL/min,溶解 20 min;然后抽取顶板保护液,上提内外管 10 mm,再溶解 70 min;再次抽取顶板保护液,上提内外管 10 mm,溶解 10 min 后发现保护液渗出,停止溶腔;最后取出盐芯,解剖并印模查看溶腔形状。盐芯解剖及形态印模如图 4.3 所示。

(a)小盐芯解剖

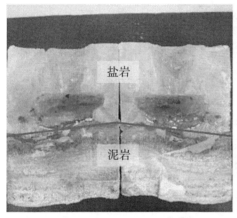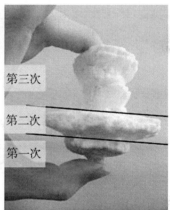

(b)溶腔结果

图 4.3　盐芯解剖及形态印模

从图中可以看出,盐芯试件的上部为盐岩,底部为泥岩,泥岩部分未被溶解。从三次溶腔过程看,由于保护液的作用,前两次溶腔分界明显,而第三次由于漏液而不完整。本次试验验证了注采循环系统的性能和参数,小盐芯盐腔 CAD 图如图 4.4 所示。

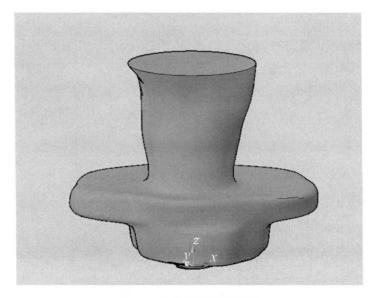

图 4.4　小盐芯盐腔 CAD 图

4.2　直径 200 mm 的大盐芯试验(一)

4.2.1　试件制作

直径 200 mm 的大盐芯试件用来完整测试整套多夹层盐穴造腔模拟与形态控制试验系统,试件高 400 mm,该盐岩的盐芯含盐量在 84.76%～93.76% 之间,盐芯切面照片如图 4.5 所示,其中深色的地方含泥岩杂质。

图 4.5　盐芯切面照片

试验时盐芯双端磨平,顶部钻直径 32 mm 深 350 mm 的孔,表面刷 3～4 mm 模具胶干燥后,放入试验装置,周围安装传力垫块。试件处理照片如图 4.6 所示。

(a)两端磨平   (b)中心钻孔   (c)表面刷胶   (d)放入装置

图 4.6　大盐芯制作及放入装置

4.2.2　试验过程及结果

注入清水排除空气,加注顶板保护液,准备溶腔。加载系统实物如图 4.7 所示。设定流量为 20 mL/min,溶解 70 min 后依次抽取顶板保护液,上提内外管 30 mm,溶解时间分别为 80 min 和 25 min。试验结束后取出盐芯,解剖并印模查看溶腔形状,如图 4.8 所示。不同时刻的盐芯在 308 mm 深处的溶腔水平截面形状变化和溶腔 CAD 图分别如图 4.9 和图 4.10 所示。

图 4.7　加载系统实物

图 4.8　溶腔剖视图

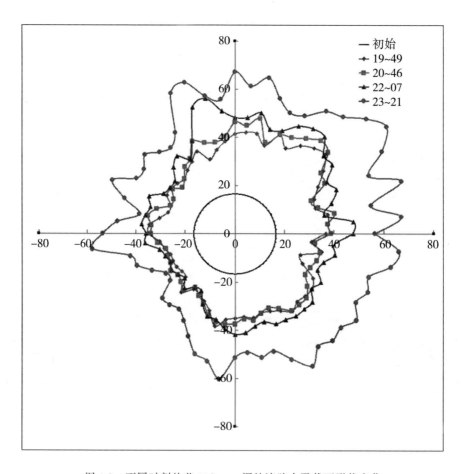

图 4.9　不同时刻盐芯 308 mm 深处溶腔水平截面形状变化

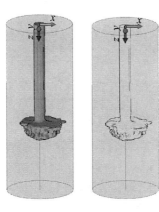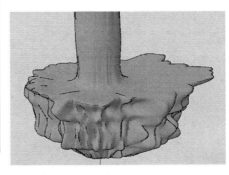

图 4.10 大盐芯溶腔 CAD 图

从本次试验看,由于溶腔造腔时间估算不准,并且盐芯含有分布不均的杂质成分,使盐腔产生偏溶现象。但从总体来看,整个试验装置能很好地模拟盐穴造腔,其过程实现了可视化。

4.3 溶腔发展预测

为了更精确地估算每个阶段溶腔时间,确保盐岩溶腔不会超溶,编制了"溶腔发展预测及注油估算"程序,其界面如图 4.11 所示。在试验过程中,每隔一段时间测量一次排出卤水的浓度,以观察卤水浓度变化,同时测量排出卤水的质量(每次取 100 mL),并通过"溶腔发展预测及注油估算"程序来进行相关估算和预测。该程序可通过既定的流速、溶解范围的高度和盐腔发展半径,并结合溶出液的密度、盐岩的密度和盐岩中 NaCl 的纯度计算出大致的溶解时间,再结合视频测距工艺,基本上可以保证安全、稳定地得到所需形状的腔体[1]。

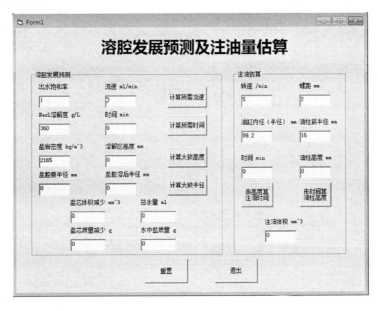

图 4.11 估算程序界面

程序中所用公式为:

$$(m-100) \cdot v \cdot t = \pi(D^2 - d^2) \cdot h \cdot \rho \tag{4-1}$$

式中,D 为溶解后盐腔的半径,单位为 mm;d 为溶解前盐腔半径,单位为 mm;h 为该阶段控制溶解高度,单位为 mm;v 为流速,单位为 mL/min;ρ 为盐岩密度,单位为 kg/m³;m 为测得 100mL 溶出液的质量,单位为 mg;t 为时间,单位为 min。

4.4 直径 200mm 的大盐芯试验(二)

4.4.1 试验过程

大盐芯试件的制作方法同 4.2.1 节所述。利用盐穴造腔装置模拟地下盐穴储气库水溶造腔,采用的造腔方法为现场常用的油垫法,由下至上水溶造腔,试验过程流程如图 4.12 所示。

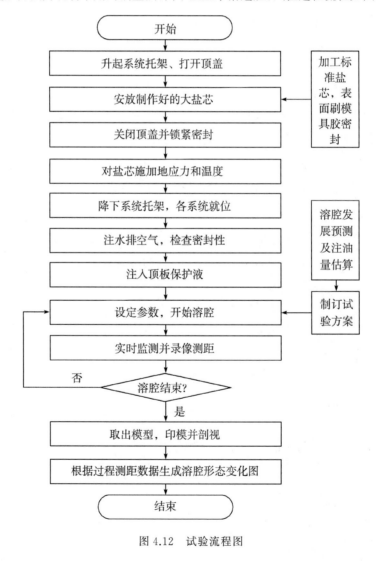

图 4.12 试验流程图

根据制订的试验方案设定内外水管高度、油垫高度、测距探头高度以及流速等参数，开始溶腔试验，试验过程中实时监测并录像测距(测距时自动上下循环旋转探头)，直至造腔结束；然后取出模型印模并剖视，根据过程测距数据生成溶腔形态变化图。

与2.2.1节所述原理相似，得出造腔参数如表4.1所示。内进外出是指中心管进淡水，外套管排卤水；外进内出是指外套管进淡水，中心管排卤水。以盐岩块上表面为坐标零点，向下为正方向。造腔过程中，严格控制溶解区域，每次外管和内管同时提升，使得在造腔的每一阶段，溶解只发生在其设计的固定位置，例如阶段1～5内管深度比外管深度多27 mm。

表4.1　造腔参数

试验阶段	时间/min	循环方式	流速/(mL/min)	内管深度/mm	外管深度/mm	油垫深度/mm	结束盐腔直径/mm
1	64.5	内进外出	20	328	301	300	55
2	106.0	外进内出	20	303	276	275	70
3	134.0	外进内出	40	278	251	250	85
4	132.0	外进内出	30	253	226	225	95
5	146.0	外进内出	30	228	201	200	90
6	130.0	外进内出	30	203	161	160	70
7	52.9	外进内出	20	163	131	130	50

4.4.2　试验结果及分析

根据溶腔发展预测及注油估算程序，本试验较好地完成了另一个大盐芯的溶腔模拟过程。

4.4.2.1　腔体体积与溶盐体积对比

图4.13为实际测量的腔体体积和溶盐体积的变化曲线关系，其中溶盐体积是根据排出卤水浓度和卤水质量计算出来的溶解的纯盐体积，腔体体积则是根据剖开后的盐腔测出来的真实腔体体积。

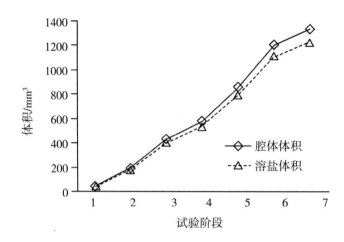

图 4.13　各阶段腔体实际体积和溶盐体积对比

从图 4.13 中可以看出，腔体的体积要大于溶盐的体积，这是因为盐岩中含有不溶杂质，在盐被水溶解掉之后，这部分不溶杂质便脱落，通过水管流出或沉淀在腔体底部，这部分便是腔体体积大于溶盐体积的部分。数据显示盐岩中不溶杂质的含量约为 8.8%，这说明在实际盐穴造腔过程中，由于盐岩中含有不溶杂质，储气库实际工作体积要大于理论造腔体积，但由于实际工程中不溶杂质沉积在盐腔底部，导致实际使用体积降低。

（1）将盐腔的第 1、2、3 阶段进行对比。在盐腔溶解模拟过程的第 1 阶段，采用了 20 mL/min 的流速溶解了 50 min，第 2 阶段速度提升至 30 mL/min，溶解速率明显加快；在第 3 阶段由于流速上升至 40 mL/min，溶解速率为最快。而在下一阶段，流速又下降至 30 mL/min，溶解速率也随之下降。可见，盐岩溶解速率、盐腔的体积变化速度都与流速成正相关，流速越快，盐岩的溶解越快，盐腔的体积变化速率也就越快。

（2）将盐腔的第 4、5、6 阶段进行对比。这三个阶段中流速均控制在 30 mL/min，第 4 阶段盐岩的发展区高度控制为 25 mm，第 5 阶段为 30 mm，第 6 阶段为 40 mm。而对应的溶解速率也是递增的，第 6 阶段的溶解速率＞第 5 阶段的溶解速率＞第 4 阶段的溶解速率。可见，在温度相同、流速相同的情况下，盐腔的体积变化速率与盐腔的溶解区高度也成正相关，盐腔发展区高度越高，盐岩溶解面积越大，盐岩的溶解速率越快，盐腔的体积变化速率越快。

4.4.2.2　腔体平均直径发展

图 4.14 为试验各阶段相应水平腔体平均直径发展对比。在下一阶段的溶解过程中，由于盐水不饱和，上一阶段的腔体还会继续溶解一小部分，腔体发展直径整体大于设计值，特别是第 4～5 阶段设计值由上升转为下降时，出现了明显的滞后现象。数据说明，试验及实际工程中可以加大两阶段溶解过程的间隔时间，也可以适当降低盐腔的设计值。

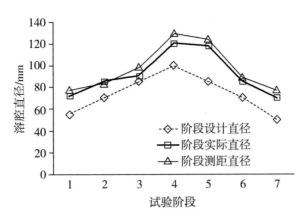

图 4.14　试验阶段腔体直径对比

4.4.2.3　排出卤水浓度变化规律

图 4.15 为排出卤水浓度变化规律,其中横坐标为时间,纵坐标为每 100 mL 卤水的质量。由图可以看出,在每一个阶段的开始时刻,由于阶段之间存在停顿时间,这段时间进行包括注采油及提升内外水管等操作,盐腔内的溶解在这一阶段内是继续进行的,因而在下一阶段开始时的排出卤水浓度便相对较高,而在其后的卤水浓度趋于平稳;在第 6 阶段有一个小高峰,这是因为第一天晚上 22:15 试验中断,到第二天早上 8:10 重新启动,故刚开始时刻排出的盐水浓度极高,但仍没有饱和(常温 100 mL 饱和盐水质量为 136 g)。这也间接证实了盐穴造腔过程中,进行下一阶段的时候,上一阶段部分的卤水虽浓但仍未饱和,依旧在进行着较为缓慢的溶解过程,盐腔也在慢慢扩展,因而得到的盐腔要略大于设计值。

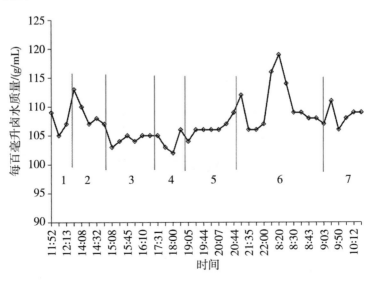

图 4.15　卤水浓度变化图

4.4.2.4 各个阶段盐腔发展对比

由图 4.16 可以看出，探头探测深度基本上与实际深度相符，而预控制深度则均偏低，也就是说实际的盐腔的阶段发展区上限会在水油交界面稍微偏下 1～3 mm。通过摄像头，基本上可以清晰地捕捉到盐腔内部的发展情况，分清各个发展阶段的界限，为我们实现盐岩造腔的形态控制提供了便利。

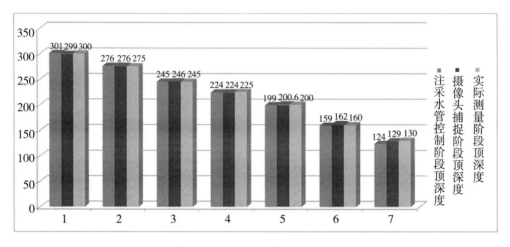

图 4.16　各阶段腔体发展对比

4.4.2.5 盐穴造腔试验结果

图 4.17 为大盐芯完整溶腔图及三维图像，由于盐芯试件含有非均匀分布的泥岩杂质，因此造成了溶腔表面不规则、不光滑的现象，但总体看形状接近椭球体，并且椭球体能很清楚地看出 7 个阶段的痕迹。三维图像与印模和照片相比误差较小，但由于受 CAD loft 命令的限制，只能得到一个平滑拟合的立体腔体，形状、尺寸基本上符合，这说明本试验中采用的激光测距系统是切实可用、可以信赖的。表 4.1 中的参数具有现场指导意义，在应用于现场时，表中数据相应的除以几何比尺、时间比尺和流量比尺即可推广到现场盐岩造腔工程中。

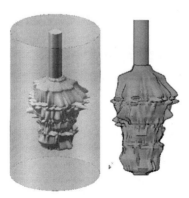

(a)印模与三维图像

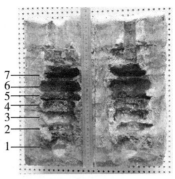

(b)完整溶腔图

图 4.17 大盐芯完整溶腔图与三维图像

4.4.2.6 盐腔实际发展情况

盐穴造腔过程中,由于盐岩的不均匀性和不溶夹层等因素的存在,盐腔的发展会受到一定程度的影响。

盐腔剖面如图 4.18 所示,从盐腔的图中可以看到,在第 1、2、3 处盐腔发展都偏向某一侧,即第 1 处盐腔向外发展比较多,第 3 处向内发展比较多,也就是我们说的溶偏;而第 4 处和第 5 处则是遇到了不溶夹层,影响了盐腔的发展。通过对盐腔的观察可以看出:

(1)第 1 处盐腔发展较多的部分(见图 4.18 右侧)是盐含量比较高、比较纯的部分,颜色也比较透明,盐岩溶解较快,因而会出现溶偏的现象。

(2)第 3 处是由于另一侧为不溶岩体,盐的含量少,颜色发黑,质地也明显不同于盐岩的晶体状,因而当水溶解到这一部分之后不会再继续发展,转而向相反的方向继续溶解,也就出现了溶偏的现象。

(3)第 2 处情况与第 3 处相似,第 2 处的盐岩中不溶物含量高,在水溶过程中遇到不溶岩体之后,盐腔发展停滞,导致这一处的盐腔发展不完全。

(4)第 4 处及其上侧直到岩块断裂处都是颜色较深、质地偏粗糙、盐含量比较低的岩块,因而当水溶进行到这一部分的时候,速率会极大降低,盐腔发展缓慢,最终导致了该阶段的盐腔发展出现了类似"凸"字的发展情况。本阶段的发展深度在试验中设计为 35 mm 深,但实际发展完全的盐腔只有下半部分的约 20 mm,上半部分由于盐含量低导致盐腔发展不完全,而形成了"凸"字形的盐腔。

(5)第 5 处则是明显的不溶夹层,在将硅胶灌注模型拿出来的时候,可以明显看到一片黑色的岩石嵌在了硅胶中,如图 4.19 所示。这部分是质地明显不同于盐岩的不溶杂质。在水溶过程中,该夹层所嵌的盐岩溶解后,夹层的薄弱部分发生垮塌,当然也有一部分仍残留在盐腔壁上。

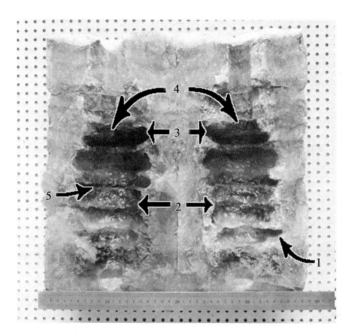

图 4.18　盐腔剖面

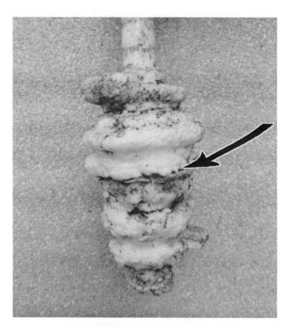

图 4.19　腔体硅胶模型

　　在试验过程中摄像头也清晰地捕捉到了这一部分的异样,如图 4.20 所示。在深度为 80 mm 的腔体中发现了一圈黑色的区域,即图 4.20 中箭头所指明显区别于上下反光的盐岩晶体,推断这是一个不溶夹层,并采取了适当的措施。在实地盐穴造腔过程中,不溶夹层也会给生产过程带来很多的不稳定因素。

图 4.20　摄像头捕捉夹层

不溶夹层的存在会将流场分割,导致腔壁附近卤水流速变缓,大大减慢了盐岩溶蚀的速度,不利于腔体形状的控制,致使水溶造腔进展缓慢。不溶夹层在造腔过程中的突然垮塌会导致井下造腔内管被砸弯、砸坏以及套管被卡等工程事故,这些事故严重影响了造腔进度。造腔内管接箍的损坏还会导致出水口深度发生改变,导致腔体形状不可控。因此,如何有效预测或控制泥质夹层垮塌成为水溶造腔过程中亟待解决的技术难题。

本试验中引进的可视化技术则为有效预测泥质夹层的垮塌提供了可能,在实地生产过程之中,通过摄像头即时观测各泥质夹层,并对其垮塌的可能性进行评估,可在其垮塌发生之前或者发生之时采取必要的、适当的措施,尽量减少其不利影响。

4.5　本章小结

本章主要开展了盐芯造腔试验,验证了试验技术和试验系统的先进性,主要结论如下:

(1)通过试验验证了该试验装置各系统性能的可靠性,结合溶腔发展预测及注油量估算程序,该试验装置可以较好地模拟盐穴造腔过程,得到完整的造腔参数。

(2)试验大盐芯溶腔形状基本呈椭球体,腔体体积大于溶盐体积。由于盐水不饱和,腔体平均直径发展要略大于设计值,盐腔顶部深度发展溶解区域会在探测深度(水油交界面)稍微偏下约 $1 \sim 2$ mm。

(3)盐腔发展区高度越高,盐岩溶解面积越大,盐岩的溶解速率越快,盐腔的体积变化速率越快;流速越快,盐岩的溶解越快,盐腔的体积变化速率也就越快。

参考文献

[1] 王汉鹏,李建中,冉莉娜,等.盐穴造腔模拟与形态控制试验装置研制[J].岩石力学与工程学报,2014(5):921-928.

5 地下盐穴储气库注采运行安全评估模拟试验系统研发

地质力学模型试验是根据一定的相似原理,对特定工程地质问题进行缩尺研究的一种物理模拟试验,主要用来研究各种建筑物及其地基、高边坡、地下洞室等结构在外荷载作用下的变形形态、稳定安全度和破坏机制等。该模型可定性或定量地反映天然岩体受力特性和与之相联系的建筑物的影响关系,可与数学模型相互验证。尤其重要的是,它可以比较全面真实地模拟复杂的地质构造,发现一些新的力学现象和规律,为提出新的理论和数学模型提供依据[1, 2]。

地质力学模型能较好地模拟复杂工程的施工工艺、荷载的作用方式及时间效应等,能研究工程的受力全过程,即从弹性到塑性,一直到破坏的全过程。与数值计算结果相比,它所给出的结果形象、直观,能给人以更深刻的印象。正是由于地质力学模型试验技术具有上述独特的优越性,才被国内外岩土工程界广泛重视和应用[3]。

为通过大型相似物理模型试验研究地下盐穴储气库实际注采期间的长期运行稳定性,分析运营期间储气库腔体,尤其是储气库群中间盐柱的受力变形规律,山东大学与中国石油天然气股份有限公司勘探开发研究院自主研发了"盐穴储气库全周期注采运行监测与评估模拟试验系统"。

5.1 相似理论

5.1.1 相似三定理

由于盐穴储气库稳定性影响因素复杂,无法通过理论计算直接得到最终结果,必须通过试验与数值模拟结合的方法来研究。简单的室内试验无法揭示整体规律,勘测现场主要借助声呐探测的方式对储气库容积进行观察,该方法成本高、误差大。此外,还有许多其他因素限制不宜进行直接试验,例如研究储气库的上下限压力等一些极端影响因素。而且直接试验方法一般只能得出单一变量之间的影响关系,不易得到现象的本质。这时候就需要用缩小的储气库模型进行研究。

地质力学模型试验是根据相似原理由原型来塑造的。相似理论包含必须遵守的三个相似定理[4, 5]:相似第一定理(相似正定理)、相似第二定理(Ⅱ定理)以及相似第三定理

（相似逆定理）。模型试验中,只有按照这三个相似定理去考虑试验方案、设计模型组织实施试验以及将试验所得的数据换算到原型上去,才能获得符合客观实际的结果。

（1）相似第一定理又称相似正定理,该定理由牛顿提出,并由法国科学家贝尔特兰证明,可表述为:如果两个现象彼此相似,其相似准数数值相同。根据相似第一定理可确定出各参数的相似常数之间的关系,因此相似第一定理是相似模型建立的基本依据。

（2）相似第二定理又称 π 定理,该定理由俄国学者费捷尔曼推导得出,可表述为:现象的各物理量之间的关系与各相似准则之间的关系相同。

（3）相似第三定理又称相似逆定理,可表述为:对于同一类物理现象,如果两个现象的单值条件相似,而且由单值条件所组成的相似准则在数值上也相同,则两现象必定相似。

5.1.2 基本相似关系

根据弹性理论的基本方程和边界条件求相似判据,如果试验模型和工程原型相似,则他们的几何参数和物理参数之间具有一定的比例关系。因此可以通过建立地质力学模型,并由模型试验结果推出实际结果。模型与原型之间的相似比尺如式(5-1)～式(5-8)所示,其中下标 P 代表原型,下标 M 代表模型,C 代表相似比尺。

几何相似比尺的计算公式为:

$$C_L = \frac{\delta_P}{\delta_M} = \frac{L_P}{L_M} \tag{5-1}$$

应力和黏聚力相似比尺的计算公式为:

$$C_\sigma = C_c = \frac{\sigma_P}{\sigma_M} \tag{5-2}$$

应变相似比尺的计算公式为:

$$C_\varepsilon = \frac{\varepsilon_P}{\varepsilon_M} \tag{5-3}$$

弹性模量相似比尺的计算公式为:

$$C_E = \frac{E_P}{E_M} \tag{5-4}$$

位移相似比尺的计算公式为:

$$C_\delta = \frac{\delta_P}{\delta_M} \tag{5-5}$$

摩擦角相似比尺的计算公式为:

$$C_\varphi = \frac{\varphi_P}{\varphi_M} \tag{5-6}$$

容重相似比尺的计算公式为:

$$C_\gamma = \frac{\gamma_P}{\gamma_M} \tag{5-7}$$

泊松比相似比尺的计算公式为：

$$C_\mu = \frac{\mu_P}{\mu_M} \tag{5-8}$$

式中，L 为长度；σ 为应力；c 为黏聚力；ε 为应变；E 为弹性模量；δ 为位移；φ 为摩擦角；γ 为容重；μ 为泊松比。

根据相似定理和弹塑性力学方程，推导得出了各相似比尺之间的关系。应力相似比尺、容重相似比尺和几何相似比尺的关系如式(5-9)所示，位移相似比尺、应变相似比尺和几何相似比尺的关系如式(5-10)所示，应力相似比尺和弹性模量相似比尺关系如式(5-11)所示。所有无量纲物理量(如应变、内摩擦角、摩擦系数、泊松比等)的相似比的尺等于1。时间相似比尺如式(5-12)所示。

$$C_\sigma = C_\gamma C_L \tag{5-9}$$

$$C_\delta = C_\varepsilon C_L \tag{5-10}$$

$$C_\sigma = C_E = C_c \tag{5-11}$$

$$C_t = \sqrt{C_L} \tag{5-12}$$

5.2 模拟试验系统功能与技术指标

5.2.1 模拟试验系统功能

根据相似原理和盐穴储气库注采模拟的试验要求，盐穴储气库全周期注采运行监测与评估模拟试验系统应该具有以下功能：

(1)可实现自动控制模拟加载地应力和注采气过程。

(2)可采集分析应力加载时程和循环注采气压力时程。

(3)可实时监测盐腔洞周围岩的应力、压力和位移，实现对地下盐穴储气库群运营的稳定性的分析。

(4)可模拟注采气过程对盐腔稳定性的影响。

(5)可模拟储气库运营期间注采周期频繁交替对盐腔的长期稳定性的影响，能完成地下盐穴储气库工程的单个或多个盐腔运营期间稳定性模拟。

(6)可完成地下盐穴储气库在地应力和气体压力作用下运营全周期的监测及模拟。

盐穴储气库全周期注采运行监测与评估模拟试验系统的原理和尺寸如图5.1所示。

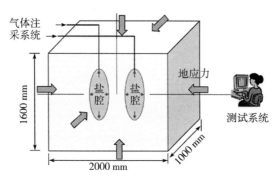

图 5.1　模拟试验系统的原理和尺寸

5.2.2　比例尺及模拟范围

为满足实际工程设计,试验系统应可模拟 2 个盐腔全周期注采运行监测和评估。每个盐腔的实际直径为 75 m,模型直径为 25 cm;盐腔高度最大为 112.5~120 m,模型高度为 37.5~40 cm;两个盐腔之间矿柱距离为 150 m,模型矿柱距离为 50 cm,大于 2 倍盐腔直径。根据模型试验的模型边界范围为 3~5 倍洞径的要求,同时综合考虑单次试验的周期和成本,选取比例尺 200~300,试验模型的尺寸定为 200 cm×100 cm×160 cm(长×宽×高),如图 5.2 所示。

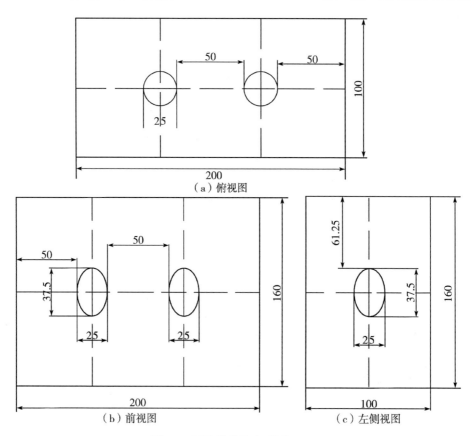

图 5.2　试验模型尺寸(单位:cm)

5.2.3 模拟试验系统主要技术指标

盐穴储气库全周期注采运行监测与评估模拟试验系统的主要技术指标为：

(1)试验系统采用模块化设计理念,各模块之间协同耦合,方便组装、试验和维修。

(2)试验装置可实现顶梁的自动移动和锁定,模型可吊出试验空间;具有顶梁升降平移锁定系统,方便将模型吊出;结构合理,美观大方,满足刚度和强度要求。

(3)液压系统能实现自动控制高精度柔性加载,能模拟地应力梯形加载;具有 12 路计算机自动控制液压加载能力;稳压时间不小于 720 h,保压偏差为 ±0.1 MPa;液压油缸活塞最大出力为 10 t,行程为 100 mm;最大荷载集度为 0.5 MPa。

(4)注采气控制系统能实现盐岩腔体气体注入采出循环过程模拟;注气气体为空气,注气压力最大为 1 MPa;配有 4 路气体注采自动控制系统;保压时间不小于 720 h,保压偏差为 ±0.01 MPa。

(5)测试系统可实现自动控制的高精度实时监测,采用电子式、光纤式测量系统测量应变、位移和压力;模型内部洞周埋设微型应变、位移、压力传感器,应变传感器分辨率为 1 $\mu\epsilon$,位移传感器分辨率为 0.001 mm,压力传感器最大量程不大于 1 MPa。

5.3 试验系统构成与设计研发

5.3.1 试验系统构成

盐穴储气库全周期注采运行监测与评估试验系统主要由模型反力装置、顶梁升降平移及锁定系统、液压加载系统、气体注采系统、测试系统等构成(见图 5.3)。

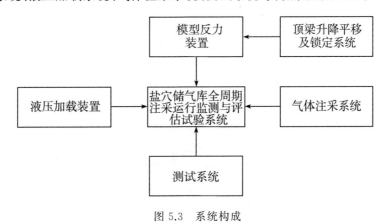

图 5.3　系统构成

试验系统组成如图 5.4 所示。

液压加载系统

电阻应变采集仪

光纤传感解调仪

微型光栅多点位移计

气体注采系统

顶梁升降平移锁定系统

多点位移采集仪

模型反力装置

图 5.4　试验系统组成

5.3.2　模型反力装置

5.3.2.1　模型反力装置整体设计

根据模型试验的功能和设计要求,山东大学采用模块化设计理念,模型反力装置主要包括四大构件:底梁、侧梁、顶梁、前后反力梁,四大构件通过法兰、拉杆、螺栓、铰链等辅助构件连接成一个整体,方便安装、试验和维修等操作,同时预留了扩充功能。为实现试验过程的自动化、减少人工、提高效率,试验装置设有顶梁升降平移锁定系统,制作模型时先将顶梁松开,锁定移走,试验时再将顶梁移回锁定后加载试验。整体设计三维效果如图 5.5 所示。

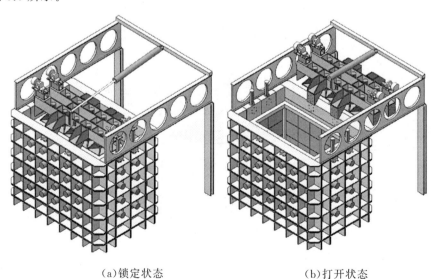

(a)锁定状态　　　　　　　　　　(b)打开状态

图 5.5　模型反力装置整体设计三维效果图

其中,顶梁为"井字形"结构,简洁美观,既满足了参观的需要,又满足了刚度和强度的需要。模型侧向为榀式结构,可根据试验模型尺寸独立或组合成不同大小,满足试验尺寸调整的要求。模型反力装置的外空间尺度为3100 mm×2100 mm×2470 mm(宽×厚×高),内部最大模型尺度为2000 mm×1000 mm×1600 mm(宽×厚×高)。液压油缸镶嵌安装在反力梁的肋中间,方便连接油管和检修,同时减小了模型装置的尺寸。反力梁外部可采用薄板将其掩盖,起到美观效果。模型反力装置可放置在混凝土基础槽内,以减少整体高度。

图5.6为模型反力装置的主体受力钢结构梁的三维图和三视图,其中在厚度方向上由独立榀式结构构成,方便安装和扩展。

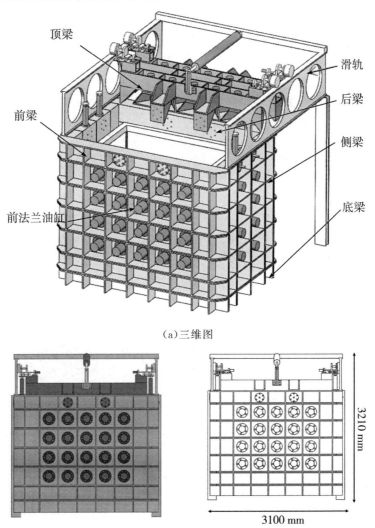

(a)三维图

(b)正视图

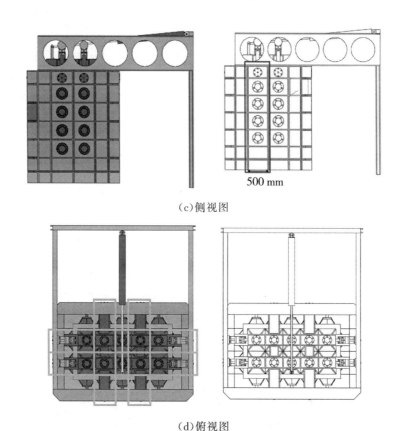

（c）侧视图

（d）俯视图

图 5.6　模型反力装置主体结构的三维图和三视图

为了满足后续升级和不同试验模型尺寸需要，装置设计为模块化，并预留扩展接口。单榀反力装置可自由组合拼装，以满足不同尺寸模型的试验要求，如图 5.7 所示。

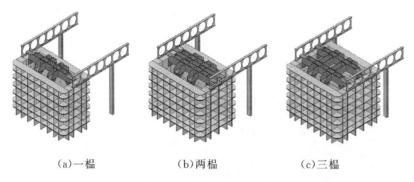

（a）一榀　　　　　　　（b）两榀　　　　　　　（c）三榀

图 5.7　不同榀数组合示意

5.3.2.2　模型反力装置强度刚度校核

为验证整体组合反力台架的稳定性，计算整体框架的刚度和强度，建立反力台架的组合实体模型，导入 ANSYS 有限元软件。由于模型对称，只需取一半进行计算即可。构件材料选用 Q345 钢，材料参数依据《机械工程师手册》[6] 计算。根据手册查到材料参数如下：弹性模量 $E = 200$ GPa，泊松比 $\mu = 0.3$，屈服极限为 345 MPa，强度极限为 600 MPa。螺杆、螺母根据机械设计手册进行计算校核。

反力梁的钢板厚度为 25 mm，反力梁高度为 250 mm，整体模型反力装置内部施加 0.5 MPa 的均布压力后，模型反力装置整体刚度强度有限元校核结果如图 5.8 所示。最大变形量为 1.59 mm，出现在前后反力梁的中间位置；Von Mises 应力云图显示，整体框架受力均匀，最大应力为 188 MPa，出现在侧梁与顶梁连接法兰位置处。计算结果表明，所有构件均在弹性范围内，具备两倍安全系数，且满足刚度 1/2000 的要求。

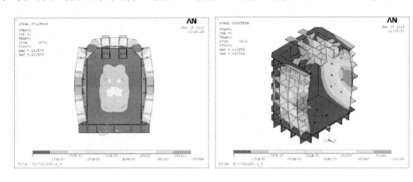

(a)位移云图

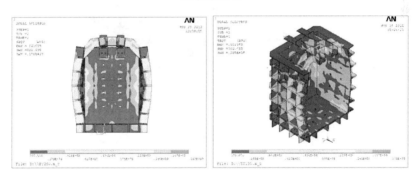

(b)应力云图

图 5.8　模型反力装置整体刚度强度有限元校核

5.3.2.3　模型加载及三维导向装置

为真实模拟真三维地应力加载，试验装置设计有模型加载及三维导向装置，可实现模型左右、上下、前后六面独立真三轴梯度加载。模型加载采用前法兰液压油缸嵌入式，安装在模型反力装置内。活塞杆穿过模型反力装置，其前部安装传力加载板，其上可安装柔性板，实现对模型表面的均布压力加载。为防止模型加载时在边界受到相互影响，出现碰撞"打架"现象，研发了三维导向装置，即在模型六面体 12 条棱边设置了加载框架，加载框架起到约束传力加载板、防止碰撞"打架"的作用，同时保证模型制作时不漏料，如图 5.9 所示。

液压油缸活塞前后安装的传力加载板面积为 400 mm×400 mm，每面 20 个；上下、左右面加载面积为 500 mm×400 mm，上下面 20 个，左右面 16 个，共计 76 个加载装置，配合液压加载系统可实现真三维地应力梯度自适应加载。

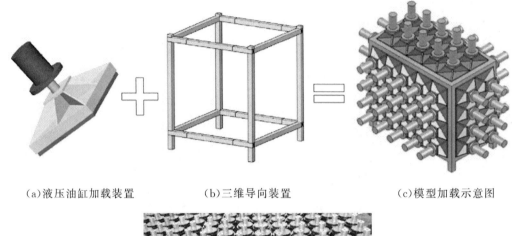

(a)液压油缸加载装置　　　(b)三维导向装置　　　(c)模型加载示意图

(d)前法兰液压油缸

图 5.9　模型体六面独立真三轴梯度加载

5.3.2.4　顶梁升降平移锁定系统

顶梁升降平移锁定系统的设计如图 5.10 所示，该系统主要由顶梁、平移油缸、轨道、滚轮、平推油缸、顶升油缸等组成，可实现顶梁的自动移动和锁定，模型可吊出试验空间。在试验填料与试验结束时，试验装置的顶部油缸将顶梁抬升至轨道处，然后斜拉杆顺轨道将顶梁拉走，全部过程均可实现自动化。

顶梁锁定装置安装在侧梁和前后梁内，中间为锁定油缸，左右各有三个插销，锁定油缸伸缩带动六个插销运动，从而穿过侧梁和前后梁的导向孔与顶梁锁定在一起，解锁时反之操作即可。该装置减小了人工用螺栓将顶梁与侧梁和前后梁锁定在一起的麻烦，大大提高了试验效率。

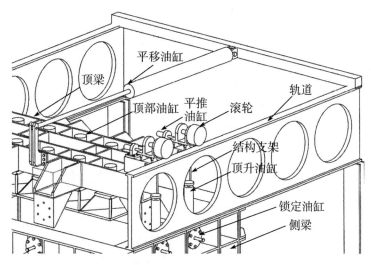

（a）顶梁升降平移系统

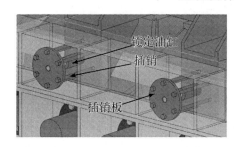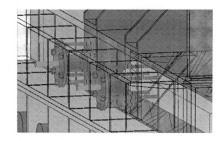

（b）顶梁锁定装置

图 5.10　顶梁升降平移锁定系统

5.3.3　液压加载系统

5.3.3.1　液压加载系统功能及原理

试验模型油缸加载采用液压加载系统,为了解决现有技术存在的地下工程模型试验中不能实现逐级卸载、加卸载精度和长时保压效果不理想的问题,研制了一种适用于模型试验的多路高精度液压加卸载伺服控制系统。同一个液压泵站可分为多级加压,便于以后在水平方向分级加压。压力传感控制系统可采用触摸液晶屏压力控制系统控制,可设定任何一个压力数值,其数值可控制在某一区域范围内。采用伺服控制系统控制整个泵站可完成自动化控制,并配备保压、压力补偿等功能。整个系统适用于三轴加压,其系统原理如图 5.11 所示。智能液压加载控制系统可实现多油路等比例同步梯度加载,可逐级加载和卸载,平滑无冲击,长时保压,稳压性能优良。系统加载额定压力为 30 MPa,实际加载精度为 ±0.1 MPa,并可实现大于 720 h 的长时间保压。试验过程中可以实时监测压力,自动控制补压;保压时系统停机,节能减排。

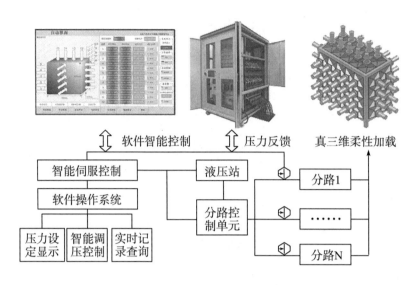

图 5.11　高精度静态液压加载系统原理

根据液压加载控制系统的功能实现要求,液压压力应在 30 MPa 内连续可调且控制精度在 0.1 MPa 以内。伺服调压阀控制输入变量为 12 个油路压力(泵出口压力、液压缸进口压力)和液压缸位移,输出控制变量为压力和流速。根据控制精度的要求,通过伺服阀、溢流阀、换向阀和电磁球阀实现运行过程中自动控制液压泵转速,精度越高需要流速越小。系统默认的有效控制方式为压力有效位移辅助,通过联动组内液压缸压力超差的自动调整,可实现保压过程中位移变动量的精确控制(压力控制精度在 0.1 MPa 以内)。

液压控制系统按照多路输出控制,可自动实现模型长期三维梯度非均匀加载、实时动态监控和调整系统运行压力,快速方便地获得系统压力时程变化曲线。系统性能稳定,抗干扰能力强,液压加载过程实时保存,数据可查。

液压加载系统(见图 5.12)由液压加载系统柜、液压泵站及管路系统等组成。其中液压加载系统柜与液压泵站及管路系统合并安装在同一个系统柜中,液压自动控制系统如图 5.12(a)所示。这样做的优点是系统结构紧凑,仅设有 12 对进出油口,并通过液压油管与液压油缸相连,整体美观大方,便于维护,占地较少。

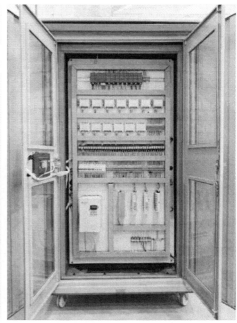

（a）液压加载系统柜

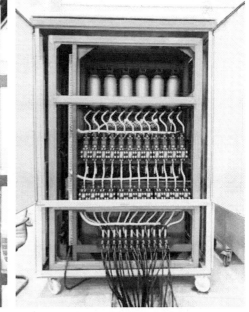

（b）液压泵站及管路硬件

图 5.12   液压自动控制系统

5.3.3.2   液压自动控制系统

　　SD-12 高精度静态液压加载控制系统 OIL-WAY12 是 12 路液压压力输出控制系统，由计算机自动控制，稳压时间不小于 720 h，保压偏差为 ±0.1 MPa。同一个液压泵站可实现多级加压,便于在水平方向分级加压。液压油缸活塞最大出力为 10 T,行程为 100 mm。加压过程采用伺服控制系统控制,最大荷载集度为 0.5 MPa,整个泵站具备自动化控制、保压、压力补偿等功能,可自动实现模型长期三维梯度非均匀加载,实时动态监控和调整系统运行压力,快速获得系统压力时程变化曲线。

人机对话窗口采用 10 英寸彩色触摸屏和 PC,均具有自动和手动功能。触摸屏界面如图 5.13 所示,可通过触摸点击控制系统的参数设置和液压站的启停等。界面中回差压力为液压系统的系统各油路实际压力与设定压力之差,回差压力值一般设定为 0.1 MPa,当回差压力值超过或低于该值时,系统进行相应的调整。油路编号分别为 1 号,2 号,……,12 号,共 12 个油路,分别与各分路相连接。油缸压力为液压站各分路出口处的油管压力;油路压力为液压站各分路出口前段的系统压力;设定压力为液压站各分路出口处的压力,该压力值为目标值。系统控制的最终结果应该与设定压力基本一致,在回差压力范围内。触摸屏控制系统与计算机控制系统通过网线连接,可实时通讯。计算机液压自动控制系统主控制界面在 PC 上,除具备液压站操作功能外,还有数据处理及曲线处理功能,PC 端界面如图 5.14 所示。

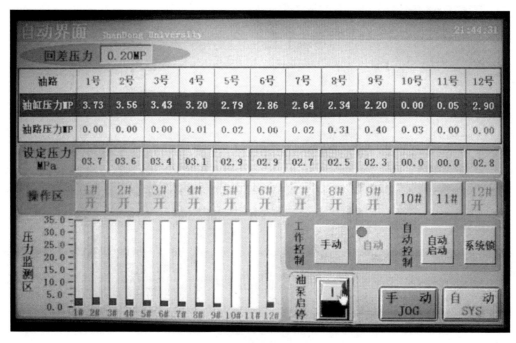

图 5.13　液压自动控制系统的触摸屏界面

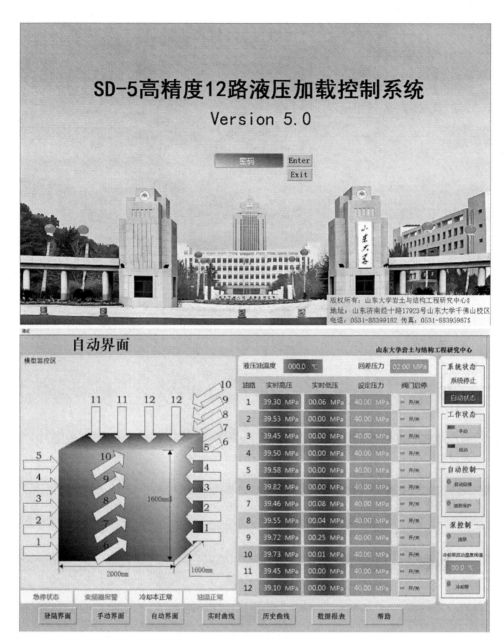

图 5.14 液压自动控制系统的 PC 端界面

5.3.3.3 液压加载自动控制系统操作说明

(1)监控窗口

监控操作窗口分为三个区域,具体作用如下:

一区为模型监控区(见图 5.15),用户可以形象地看到各油路压力加载的模拟情况,每路压力会随着压力的变化对应颜色发生变化,颜色由浅变深对应压力由低到高,压力超过 20 MPa 时,对应油路压力变成红色。

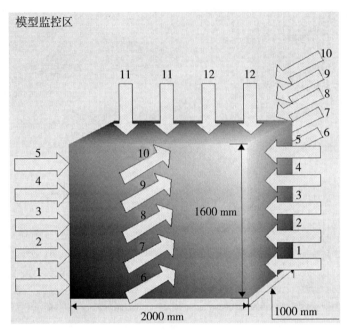

图 5.15　模型监控区

二区为油路操控区。油路操控区有手动模式和自动模式两种。两种模式可以在系统操作区分别点击"手动"和"自动"按钮实现。

手动操作主要用于试验前准备和试验结束后整理,用户通过手动按钮,可以"手动"控制各油路油缸的进程、回程及减压动作,操作区界面如图 5.16 所示。显示的油缸压力为传感器实时监测到的油缸压力,即单向阀 A 口的压力,这是试验时关心的压力;显示的油路压力为传感器实时监测到的油路压力,即单向阀 P 口的压力;手动压力为手动模式下系统输出压力;进程/回程为手动模式下油缸进程或回程动作切换开关。

手动操作时建议将手动压力设置在 10 MPa 以内。用户想让油缸进行进程动作时,点击"进程/回程"切换按钮,当按钮显示进程时,再点击需要进程的油路动作开关,油缸开始进程动作,待油缸进程到顶时,再次点击对应油路开关,关闭油路进程。同上,油缸回程时,先选择回程状态,用户在点击对应油路动作开关,油缸即可执行回程动作。减压时,用户点击"减压"按钮,对应油缸压力会卸载,"减压"按钮不带自锁,按下时减压,松开按钮时,减压停止。

图 5.16 手动模式操作区

自动模式下，用户可以先设置对应油缸的设定压力，开启需要加载的油路的加载阀门，点击"自动启动"按钮后，系统会自动控制各油路阀门，使油缸压力精确达到对应设定压力，操作区界面如图 5.17 所示。回差压力为自动加载，设定的油缸压力的误差带，建议回差压力的设置随着系统自动加载压力时的进程，由大到小逐步减小，如初次设置为

1 MPa,第二次设置为 0.8 MPa,第三次设置为 0.5 MPa,逐渐减小,最后设置到 0.2 MPa。这样一方面可以减少油泵启停的次数,让油泵间隙休息;另一方面有助于降低液压油的温度。设定压力为自动加载时,油缸输出压力的设定值,该压力包含克服油缸摩擦力和加载在模型架上的压力;阀门启停为自动加载时,选择所要加载的油路的加载阀门,按钮左侧灯为灰色表示对应油路加载阀门关闭,按钮左侧灯为红色表示对应油路加载阀门打开。

图 5.17　自动模式操作区

自动操作时,除了各油缸设定压力外,还有一个回差压力。回差压力设定了油缸的压力的误差带,油缸压力大于设定压力加回差压力之和时,系统控制油路各阀门给对应油缸减压,将油缸压力降至误差范围内停止。油缸压力低于设定压力减回差压力的差值时,系统控制油路各阀门,开始补压动作,当压力补压到设定压力时,停止补压。根据液压系统的特点,试验时可先将回差压力设置在 1 MPa 左右,待补压频率降低时,再依次将回差压力减小至 0.2 MPa 左右。这样做的优点是:减小了电机的启动频率,有效保护了设备的稳定性和使用寿命;避免液压油温过高,进而降低了油温对液压阀的影响,提高了控制稳定性和控制精度;长期的试验显示如此保压效果更好。

三区为系统功能区,此区域分为系统状态区、工作状态区、自动控制区、泵控制区,如图 5.18 所示。

图 5.18　系统功能区

系统状态区用于显示液压站处于工作还是停机状态,系统当前操作模式是手动模式还是自动模式。工作状态区有两个监控操作模式,分别为手动操作模式、自动操作模式,此区域用于两种工作模式的相互切换。自动控制区用于自动模式下对油路的自动控制启停、对油泵电机的工作模式操作。在自动模式下,设定好加载压力,然后选择需要加载的油路油缸点,开启其加载阀门,最后打开"自动启停"开关,系统会自动对选择的油路加载至设定的压力。开关左侧圆形指示灯变亮表示自动控制已开启,变暗表示自动控制关闭。油泵保护在自动状态下有效,各油路压力达到设定压力,并且油缸实时压力在误差带范围内,系统会自动关闭油泵,待有油路实时压力不在设定压力误差带范围内时,系统又会重新启动油泵,再次自动控制油路压力达到设定压力。油泵控制区用于操作液压站油泵的启停。

(2)曲线和数据报表

实时曲线用于显示 10 min 内 12 路油缸压力的实时曲线,曲线实时刷新,通过点击"下一页"和"上一页"查看 12 路油缸压力的实时曲线,如图 5.19 所示。用户可以调用历史数据库中任意时间段的油路曲线,可以自由设置曲线查看方式,如按百分比绘制曲线,或按实际值绘制曲线等,如图 5.20 所示。历史曲线界面下方的工具条可以通过工具条设置查看一条或多条曲线,还可以设置曲线的绘制方式。

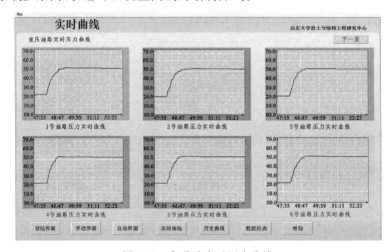

图 5.19　各分路实时压力曲线

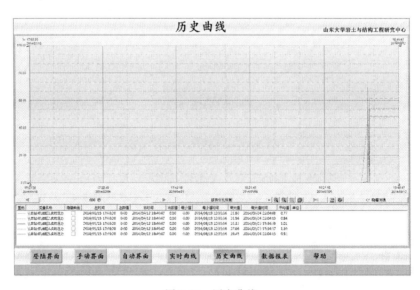

图 5.20　历史曲线

数据报表用于查看历史数据库中的油路压力,用户可自由设置并保存查看油路压力的时间段和查看哪一段时间的油路压力(见图 5.21)。

图 5.21　液压系统各分路实时数据报表

5.3.4　注采气模拟系统

5.3.4.1　注采气模拟系统的功能及原理

注采气模拟系统主要研究地下盐腔在高地应力条件下内部注采气过程的长期稳定性,即真实模拟地下盐腔储气库的注采全过程,评估盐腔储气库的长期安全性。因此,试验过程中需要通过注采气模拟系统向盐腔内注入或采出设定压力的气体,控制盐腔内部气压按照设定的压力路径变化,同时实时监控腔内气压值,从而模拟真实情况下盐穴储气库注采循环。

地下盐穴储气库全周期注采运行监测与评估模拟试验系统配备了四通道注采气模拟系统,由充气控制装置、气压数控系统和软件操作系统等构成,注采气模拟系统原理如图 5.22 所示。

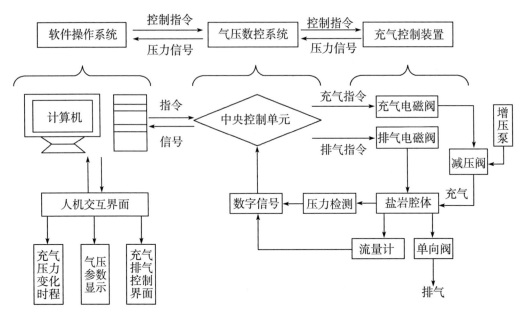

图 5.22 注采气模拟系统原理图

充气控制装置主要由空气压缩机、充气电磁阀、排气电磁阀、气路及阀门等构成,其主要功能是根据指令执行向盐腔内注气或排气操作,使盐腔内具备一定的气压。

气压数控系统主要由压力传感器、流量传感器和中央控制单元等构成,中央控制单元接收软件操作系统的信息,同时采集压力流量信号,它采用 Siemens 的 PLC 作为中央控制单元和下位机。上位机是一款安装了 SCADA 软件的 PC,PLC 通过以太网和上位机连接,并对下位机进行监控,可以控制气压按照预定设置变化,实时进行气压监控,防止气压异常。

软件操作系统是安装在工控机或上位机上的配套的自研注采气模拟控制软件 SCADA,上位机通过以太网和下位机连接通讯,打开注采气模拟控制软件 SCADA,进入系统对其操控。软件操作系统的人机交互界面友好,具备充气、排气的精确控制功能,即可实时获取气压等参数并显示,又可获得盐腔气压的变化时程。

注采气模拟系统如图 5.23 所示,该系统可实现最大气压为 1.0 MPa 的气体充填,具备四通道独立伺服控制,满足盐腔群同时注采气的模拟需求,气体保压时间大于 180 天,保压偏差为 ±0.01 MPa。

图 5.23　注采气模拟系统

5.3.4.2　注采气模拟系统软件操作说明

注采气模拟系统软件是安装在上位机上的自研的 SCADA 软件,登录界面如图 5.24 所示。

图 5.24　注采气模拟系统软件登录界面

(1)主界面说明

注采气模拟系统软件操作界面如图5.25所示。监控窗口有四个模块,左边为监控区,能形象看到两个洞腔的注采气路机构,还可以看到两个洞腔的实时压力。另外通过监控窗口还可以手动操作系统,即对两个洞腔进行手动注气、采气操控。

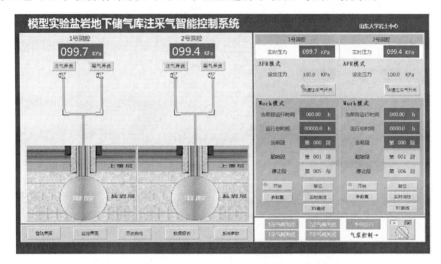

图5.25 注采气模拟系统软件操作界面及实时曲线

(2)操作说明

图5.25右侧为气站主操控区,分为AFR模式和Work模式两种。AFR模式(见图5.26)为自动快速定量注采气,用户只需设置好每个洞腔的设定压力,点击"快速注采气开关"按钮,系统会自动控制洞腔压力快速达到设定值,并保持恒定。在操作AFR模式时,需先关闭"手动注采气开关"和Work模式的开关。手动模式、AFR模式和Work模式是互锁的,同一时间只能有一个打开。

1号洞腔		2号洞腔	
实时压力	099.7 KPa	实时压力	099.4 KPa
AFR模式		AFR模式	
设定压力	100.0 KPa	设定压力	100.0 KPa
	快速注采气开关		快速注采气开关

图5.26 AFR模式操控区图示

Work模式(见图5.27)是让洞腔注采气按照用户在参数集里设定数据工作的模块,用户设置好参数集后,先选择工作的起始段、停止段,然后点击"开始"按钮,系统会自动按照参数集对洞腔进行注采气控制(注意:在进行一个新的试验时,请务必先点击"复位"按钮,复位上一次试验时的数据;再点击"开始"按钮进行新的试验)。点击"开始"按钮后,系统会运行完停止段参数后停止,不能随意停止,以保证数据按照参数集运行。若想停止,可以按"复位"按钮。点击"复位"按钮后,会弹出提醒对话框,这样排除了人为的失误操作。复位后,点击"开始"按钮,数据会从起始段重新开始导入,如果想从某一段开始,只需在"起始段"填写好起始段号即可。

图 5.27　Work 模式操作区

参数集(见图 5.28)用来设置注采气的工作数据,分别为起始压力、终止压力和时间。对于某一段,系统会按照设定的时间,从起始压力开始注气或采气到终止压力停止。当终止压力大于起始压力时,系统执行注气操作;当终止压力小于起始压力时,系统执行采气操作。

洞腔1数据			
段号	设定起始压力(kpa)	设定终止压力（kpa）	设定时间（h）
1	100.0	060.0	000.1
2	060.0	090.0	000.1
3	090.0	100.0	000.1
4	100.0	070.0	000.1
5	070.0	100.0	000.1
6	100.0	100.0	000.2
7	100.0	000.0	000.0
8	000.0	000.0	000.0
9	000.0	000.0	000.0
10	000.0	000.0	000.0
11	000.0	000.0	000.0
12	000.0	000.0	000.0
13	000.0	000.0	000.0
14	000.0	000.0	000.0
15	000.0	000.0	000.0
16	000.0	000.0	000.0

图 5.28　Work 模式工作参数集

开始工作后,点击"实时曲线"按钮,弹出洞腔实时曲线窗口。系统会定时采集洞腔压力,并按照采集的数据绘制出曲线,如图 5.29 所示。

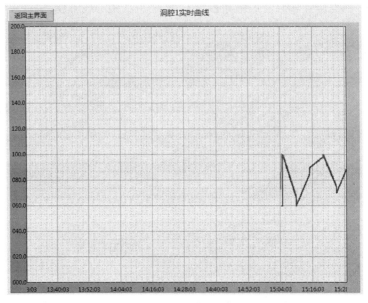

图 5.29　洞腔实时曲线

"XY 曲线"的功能是绘制参数集设定和实时压力、时间曲线。压力为 Y 轴,时间为 X 轴。工作开始前,可以先点击"XY 曲线"按钮,开始执行绘制操作。如图 5.30 所示,图框内会先绘制出当前段压力、时间设定曲线,然后定时采集洞腔内压力,绘制出实时 XY 曲线。

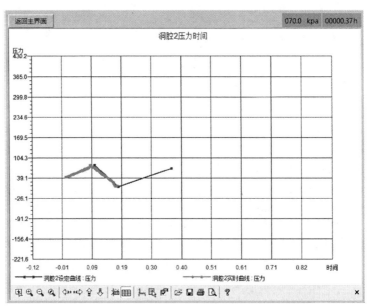

图 5.30　XY 曲线

5.3.5 测试系统

5.3.5.1 测试系统组成

物理模拟试验需要在试验过程中实时获取并显示盐腔围岩关键部位的位移、应变、压力等试验数据以及盐腔内部气压的变化。目前,试验模型关键部位的多物理量变化通常采用机械法、电测法和光测法等三大类测量方法实现。

盐穴储气库全周期注采运行监测与评估模拟试验系统采用先进的电测法和光测法进行盐岩溶腔洞周应变、位移、压力以及盐腔内部气压的测量;信息传感与仪表技术和计算机技术的结合,实现了试验全过程信息测试的自动化、智能化和高精度。

根据测试物理量的不同,测试系统主要分为应变测量系统、位移测量系统和内部压力测试系统。表 5.1 是测试系统组成与技术参数。

表 5.1　测试系统组成与技术参数

测试系统	测量仪器	分辨率	量程	备注
应变测量系统	光栅光纤应变测试系统	1 $\mu\varepsilon$	±5000 $\mu\varepsilon$	灵敏度高、耐腐蚀、抗电磁干扰,可监测腔体周围及矿柱径向应变
	电阻应变监测设备	1 $\mu\varepsilon$	20 000 $\mu\varepsilon$	精度高、性能稳定、抗干扰能力强、零点漂移小(±3 $\mu\varepsilon$/4 h;±1 $\mu\varepsilon$/℃)、自动扫描平衡、扫描测试速度快,可监测腔体周围及矿柱径向应力
位移测量系统	光栅式微型多点位移计	0.001 mm	100 mm	精度高、不受外界干扰、能够弯曲埋设,且可与计算机连接,实现数据自动采集、分析,可监测腔体周围的径向位移
	光纤棒式位移传感器	0.01 mm	20 mm	可测洞间及矿柱中心位移变化
内部压力测试系统	电阻式或光栅式压力计	0.1%	1 MPa	精度高,可与应变仪或光纤系统连接,实现自动化压力监测

传感器需要在制作模型时将传感器预埋在模型内部,由于物理模拟试验为缩尺试验,为更好地监测并精准获取模型关键部位的多物理量信息,要求传感器尺寸应该尽可能小。针对试验模型的多元信息获取的技术瓶颈,山东大学发明了基于光电转换技术和金属涂层增益封装技术的应变、应力、渗压、温度等数据的测量的微型光纤光栅传感器和微型光栅多点位移采集系统,实现了模型的多元信息的高精度测试与获取。其中,传感器具有尺寸小($\varnothing$30 mm×6 mm)、采样快(频率为 512 kHz)、精度高(位移为 1 μm)、抗干扰等优点。

5.3.5.2 光纤光栅测试系统

(1)光纤光栅测试系统构成及原理

光纤光栅(Fiber Bragg Grating,FBG)是 20 世纪 70 年代后迅速发展起来的一种波长调制型光纤无源器件,光纤光栅的传感原理如图 5.31 所示,其基本特性表现为一个反射式的光学滤波器,反射峰值波长 λ_B 称为布拉格(Bragg)波长。即当宽带光在 FBG 中传输时,产生模式耦合,对满足 Bragg 相位匹配条件的光产生很强的反射,反射光的中心波长随温度和应力的变化而线性变化。通过将外界参量(应变、应力、气压、温度等)转化为光纤光栅的轴向应变与温度,进而实现对光栅中心波长的调制。通过光纤光栅数据采集系统解调测得的波长信号,从而实现外部参量的传感。通过系统软件实现数据的保存、分析与实时显示。

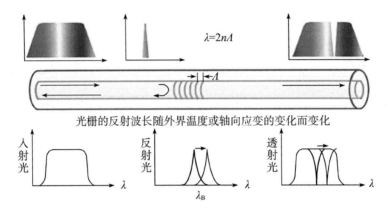

图 5.31 光纤光栅的传感原理图

盐腔注采运行模拟试验需要长期实时监测,监测频率最大满足 1 Hz 即可。因此,采用波分复用与空分复用技术相结合的组网方式组建光纤光栅传感网络,如图 5.32 所示。波分复用技术的特点是速度快,可以一次测量多个波长光栅传感器,且价格低廉,但复用数受光源带宽限制。空分复用技术的优点在于复用数不受限制,通过增加通道数而增加测量传感器的数量,但增加通道数的同时提高了测量成本,降低了采样速度。综合利用波分复用和空分复用技术,可大大增加传感器的测点数量,有效降低成本。

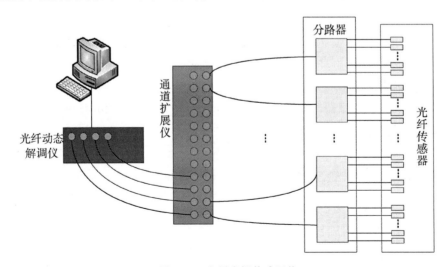

图 5.32 光纤光栅传感网络

光纤光栅测试系统的工作原理是：测量各种参数的传感器（如位移、应变、温度、压力传感器）按照要求埋设到被测点，感受被测点的变化，外界参量对传感器进行波长编码，使光纤光栅产生波长漂移。串联相接的光纤光栅传感器通过分路器并联，形成局域光网络，将该局域网络内的测量信号集中到一根光纤上。携带被测物理量的光信号通过这条光纤传到光开关进行空分复用，按照一定时间间隔进入光纤光栅解调仪，光纤光栅解调仪负责解调光纤中的波长信号，将其转换为电信号，并传送到计算机，通过上位机软件系统对数据进行实时在线分析与保存，并实时显示被测量的数据变化。

光纤光栅测试系统的优点为：

①能够连接测量应变、应力、温度、渗压等不同物理量的微型光纤光栅传感器，对模型岩体应力场的扰动很小。

②能够同时对 120 个以上的光纤光栅传感器的中心波长变化进行实时监测。

③可实现对模型内部多物理量信息的实时监控、测量和保存，并能够自动预警。

④实现了光信号和电信号的分离，系统抗干扰能力强，测量精度高，同时具有较强的防水性能。

光纤光栅测试系统由多种参数光纤光栅传感器、分路器、光开关、光纤通道扩展仪、光纤光栅解调仪以及相应的上位机软件组成，系统如图 5.33 所示。

(a)光纤测试系统

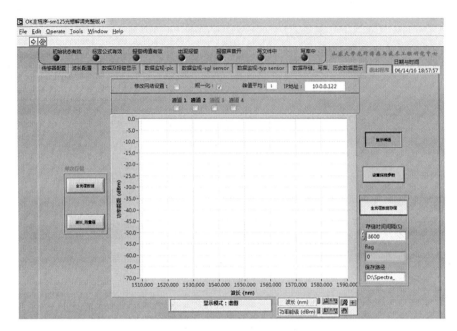

（b）光纤测试系统软件

图 5.33　光纤光栅监测系统

（2）硬件连接

光纤光栅解调仪采用美国生产的 SM125-500 型 4 通道静态光纤光栅解调仪，其性能指标为：扫描波长范围为 1525～1565 nm，波长分辨率为 ± 1 pm，波长精度为 10 pm。

待传感器安装完成，依次连接光纤应变传感器与光纤分/合路器、光纤分/合路器与光纤通道扩展仪、光纤通道扩展仪与光纤光栅解调仪、光纤光栅解调仪与计算机。测试结果同光纤应变传感器与同一个光纤分/合路器不同输出通道的连接顺序无关，系统软件会依照中心波长的长度以从小到大的顺序对每个通道的传感器进行自动排序。连接完毕，依次打开计算机、光纤通道扩展仪和光纤光栅解调仪，然后打开系统软件，即可开始测试。

（3）光纤光栅传感器

光纤光栅测试系统需要连接光纤光栅传感器才能对模型物理量进行测试。山东大学研发了适用于模型试验的微型光纤光栅传感器，能够精确快速地实时测定试验模型中的应力、应变、渗透压力、温度等多种物理量信息。这些微型光纤光栅传感器的性能参数如表 5.2 所示。

表 5.2　微型光纤光栅传感器的性能参数

序号	传感器名称	尺寸/mm	量程	分辨率	频率/kHz
1	光纤应变传感器	$20\times20\times5$	$\pm5000\ \mu\varepsilon$	$1\ \mu\varepsilon$	1
2	光栅压力传感器	$\varnothing30\times5$	0～5 MPa（可定制）	0.1%F.S.	1
3	光栅渗压传感器	$\varnothing30\times5$	0～3 MPa（可定制）	0.1%F.S.	1
4	光栅温度传感器	$\varnothing0.7\times15$	-40～120 ℃	0.1%F.S.	1

山东大学研发的微型光纤光栅传感器具有以下特点及优势：

①采用光纤金属镀膜增益和光纤植入碳纤维等技术，提高了传感的灵敏度与瞬态响应速度。

②采用先进材料与精密工艺制作而成，其体积微小，可减小对试验模型材料的干扰。

③传感器与模型材料耦合性好，成活率高，方便布设和引线。

④传感器精度高，适应性强，抗干扰强，保证了试验模型采集数据的稳定性和高精度。

微型光纤光栅传感器如图 5.34 所示。光纤应变传感器通过将光栅粘贴在相似材料立方体块上制作而成，如图 5.34(a)所示。

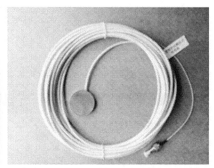

（a）光纤应变传感器　　　　　　　　　（b）光栅压力传感器

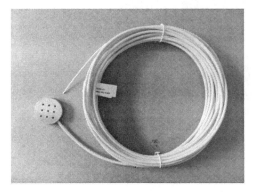

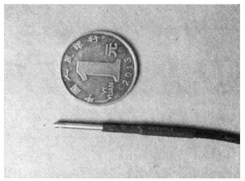

（c）光栅渗压传感器　　　　　　　　　（d）光栅温度传感器

图 5.34　微型光纤光栅传感器

5.3.5.3　高速静态应变采集分析系统

为测试模型内部的应变和应力，试验系统还配备了高速静态应变采集分析系统（见图 5.35）。该试验系统由高速静态应变仪、计算机及分析处理软件组成，单台应变仪可以测量 60 个测量点，具有精度高、性能稳定、抗干扰能力强、零点漂移小（± 3 $\mu\varepsilon/4h$；± 1 $\mu\varepsilon/^{\circ}C$）、自动扫描平衡、扫描测试速度快（1200 点/秒）等优点。

图 5.35　高速静态应变采集分析系统

高速静态应变采集分析系统可连接电阻应变块、微型压力计、微型渗压计等传感器，如图 5.36 所示。试验采用箔式纸基型电阻应变片，试验时采用相似材料按照模型配比制作 3 cm×3 cm×3 cm 的立方体块，将应变片粘贴在立方块表面，并将导线和应变片的引线焊接，然后埋设在监测位置，最后连接在应变仪上即可实现应变实时测量。电阻应变块制作简便，体积小，适用于各种位置的应变测量。

（a）电阻应变块　　　　　　（b）微型压力计　　　　　（c）微型渗压计

图 5.36　电阻式应变、微型应力计和微型渗压计

5.3.5.4　光栅微型多点位移采集系统

（1）系统构成及功能

物理模拟试验中模型洞周位移的测试是非常关键的，由于试验模型的位移量值小，必须采用高精度的位移实时采集分析系统才能保证位移测试的准确性，但目前模型试验位移测试具有精度低、抗干扰性差、传感器尺寸大、对模型影响大等缺点。

针对上述内部位移测试要求，山东大学自主研发了光栅微型多点位移采集系统[2]，主要由SD-6型便携式多路光栅数据采集仪、微型多点位移计、光栅尺和测试软件及相关配件组成，如图 5.37 所示。

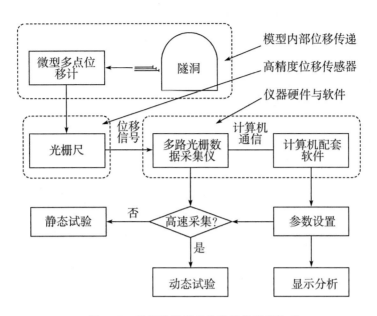

图 5.37　光栅微型多点位移采集系统构成

　　系统中模型关键点的位移通过预埋的微型多点位移计将测点处的内部位移传递给外部的高精度位移传感器——光栅尺,光栅尺信号通过数据线与系统核心——SD-6 型便携式多路光栅数据采集仪连接,采集仪与计算机通信,通过配套软件设置参数并进行测试分析。整套仪器系统体积小,方便携带,如图 5.38 所示。

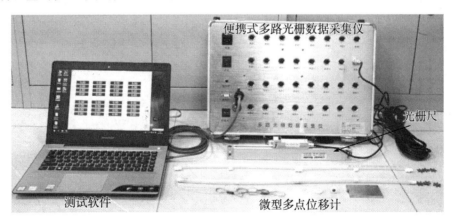

图 5.38　光栅微型多点位移采集系统

　　光栅位移采集系统在模型试验中应用的示意如图 5.39 所示。模型试验装置内制做试验模型,在模型关键部位(如隧洞拱腰、拱顶)埋设微型多点位移计,微型多点位移计的测点锚头通过测丝按照设定间距埋设,多点位移计的护管通过装置出口引出,并通过滑轮连接在固定于独立框架上的光栅尺的动尺上,动尺再通过测丝与滑轮和吊锤相连,保证内部测点的位移准确传递到光栅尺上。

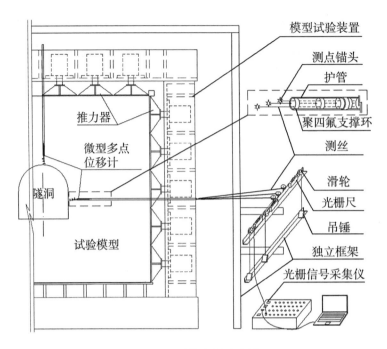

图 5.39　系统应用示意图

光栅位移采集系统的核心是 SD-6 型便携式多路光栅数据采集仪,该二次仪表分别与光栅尺和计算机相连,是将多路光栅尺位移信号采集整理并传输给计算机的仪器,其原理如图 5.40[7-11]所示。

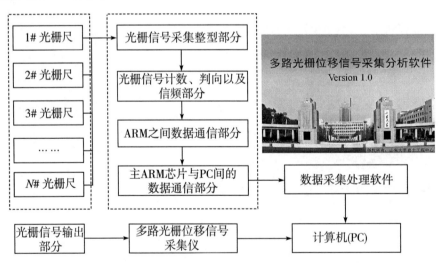

图 5.40　便携式多路光栅数据采集仪原理图

多路光栅数据采集仪的主板采用自主研发的集成电路板,主要有以下四大部分:光栅信号采集整型部分、光栅信号计数、判向以及倍频部分、ARM 之间数据通信部分和主 ARM 芯片与 PC 间的数据通信部分。各部分的功能如下:

①光栅信号采集整型部分采用高速光电耦合器采集光栅信号,然后通过反相器对信号进行整型处理,保证进入高速数据模块的 ARM 芯片之前的信号是干净、完整的,大大提高了信号采集的可靠性和抗干扰性。

②光栅信号计数、判向以及倍频部分采用 ARM 芯片的高速正交编码采集模块 QEI 对经过滤波的、整形的信号进行计数、判向和四倍频处理。

③ARM 之间数据通信部分是通过多个通道 ARM 芯片把采集处理后的数据经过同步串行接口 SSI 发送至主 ARM 芯片。

④主 ARM 芯片与 PC 间的数据通信部分是主 ARM 芯片通过 RS485 接口和 PC 的采集软件进行通信。

(2)光栅尺

作为外部高精度位移传感器,光栅尺是根据物理上莫尔条纹的形成原理工作的[8],由光源、两块长光栅(动尺和定尺)、光电检测器件等构成。光栅尺输出的是电信号,动尺移动一个栅距,电信号变化一个周期,通过对信号变化周期的测量测出动尺与定尺的相对位移。光栅尺具有高精度(分辨率可达 $0.1~\mu m$)、高速和不受外界电磁场影响的优点。根据试验需要定制的光栅尺动尺与定尺之间加装了 4 个轴承滚轮,使动尺和定尺仅作相对轴向运动而无侧倾,数据线也改成 7 芯 TTL 信号航空插头形式,光栅尺位移传感器如图 5.41 所示。

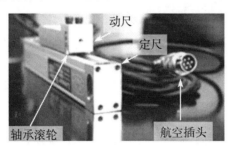

图 5.41　光栅尺位移传感器

(3)微型多点位移计

微型多点位移计是连接模型内部测点与光栅尺的纽带,主要由测点锚固头、测丝、护管、聚四氟支撑环、滑轮和吊锤等构成(见图 5.42),具有体积小、柔性好、能够弯曲埋设的特点[7]。

每个微型多点位移计有三个测点锚头,可同时测三个点。每个测点锚头与对应测丝固定连接,测丝穿过外径为 10 mm 的 PVC 护管引出到模型外部。为保证三股测丝在护管内互不干扰,且降低摩擦,由护管内的聚四氟支撑环 120°等分隔开[见图 5.42(a)]。测丝采用的是 ∅0.3 mm 的 316 不锈钢钢丝绳,具有强度高、柔性好、延性低的优点。滑轮和吊锤安装在外部框架[见图5.42(b)],滑轮使测丝转向,吊锤使测丝保持平直,吊锤重量为120 g。

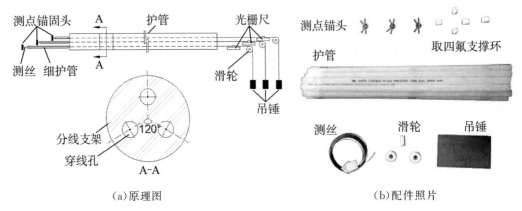

（a）原理图   （b）配件照片

图5.42   微型多点位移计

在试验模型制作时,微型多点位移计需要预埋在隧洞围岩内部,如图5.43所示。测点埋设时为避免测丝相互影响,测点间距可根据需要自由调整,一般为20～50 mm。

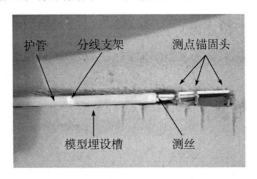

图5.43   微型多点位移计的埋设

（4）配套测试软件

光栅微型多点位移采集系统的配套测试软件WinPnw是与便携式多路光栅数据采集仪配套使用的专用软件,其界面如图5.44所示。

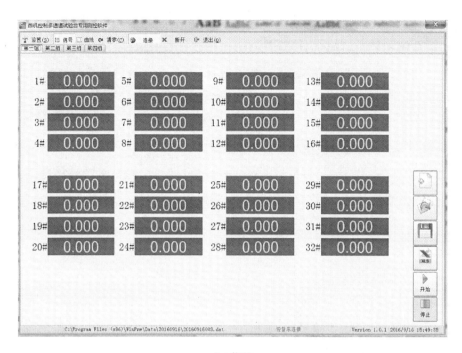

(a)信号

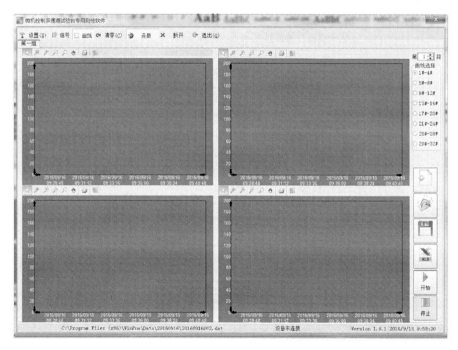

(b)曲线

图5.44 光栅微型多点位移采集系统的配套测试软件界面

测试软件具有以下功能:

①可同时采集4个端口(每端口32路)共128个通道的位移量。

②便携式多路光栅信号采集仪可连接不同分辨率和量程的光栅尺。将光栅尺的数据线航空插头插入采集仪,并在计算机采集软件中设置相应通道的分辨率和量程,即可实现光栅尺信号转换系统、数据采集、分析系统的统一结合,位移的实时监测、保存和分析,并使系统具有数据导出、查询和权限设置功能。

③微型多点位移计由含柔性外护管、测丝分离器、0.3 mm 柔性传递测丝、合金微型测点等构成,具有可弯曲埋设、精准传递位移的优点。

④定制高精度光栅尺采用贵州新天光电定制生产的 0.1～1 μm 的光栅尺,定尺和动尺之间增加的多个滑轮可以防止侧倾,提高了精度。

⑤开发的配套采集分析软件界面友好,具有参数设置(如采样频率、采样通道数等)、数据自动采集、存储和曲线显示,数据查询及数据导出 Excel 等功能。

(5)系统功能与性能指标

系统功能:光栅位移采集系统通过采集仪面板上的航空插头接口连接光栅尺;由于采用主分 ARM 芯片,采样频率高,能捕捉瞬间位移;允许同时连接不同分辨率的光栅尺,多台采集仪可设置顺序机箱号后串联,由一台计算机采集,提高了适用性。

主要性能指标:光栅位移采集系统的主要性能指标如表 5.3 所示。

表 5.3 光栅位移采集系统的主要性能指标

项目	技术参数
通道数	32 通道
采样频率/kHz	1～512
分辨率	一般 1 μm,最小 0.1 μm(与光栅尺有关)
准确度/μm	±3(与光栅尺有关)
量程/mm	−100～100(与光栅尺有关)
精度误差/%	±0.02
最大位移速度/(m/min)	120(与光栅尺有关)
通讯接口	USB3.0 接口、千兆网络接口
主机外形/mm	350×150×420(宽×高×长)
工作环境	温度 −10～50 ℃,相对湿度 10%～85%

(6)系统验证及技术先进性

为检验位移测试系统的精度和稳定性,采用张乾兵等人的标定结果[7]的标定试验和自制的对比标定试验台(见图 5.45)分别进行了标定。结果表明,相比张乾兵等人的标定结果[8],新系统的迟滞误差为 0、重复误差降为 0.02%,满足高速位移测试需要。

光栅位移采集系统具有明显的技术先进性:

①实时获得试验过程模型内部的绝对位移。

②内部测点小,减少了对模型的干扰。

③系统分辨率高,整体抗干扰能力强。

④采样频率高,能适应瞬态位移测试。

⑤系统稳定且适应性强,动静态试验通用。

⑥系统小巧紧凑,方便携带安装。

⑦仅微型多点位移计为一次性耗材,使用成本低。

(a)便携式多路光栅数据采集仪与测试软件照片

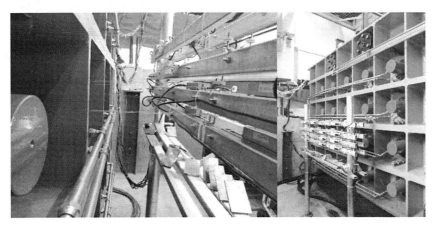

(b)多点位移计与光栅尺安装使用

图 5.45　试验模型中应用

5.3.5.5　光纤棒式位移传感器

光纤棒式传感器是光纤光栅传感器的一种,主要由光源、传感头、波长探测装置三个基本部分组成。该传感器是利用 Bragg 光纤光栅的波长敏感特性而制成的一种新型光纤传感器。在紫外线照射下,纤芯内部产生折射率变化效应,使纤芯的折射率沿轴向形成周期性的调制分布。在宽带光源经过时,满足 Bragg 条件的一定波长的入射光(波长为 λ_B)将会被反射,其他波长的光会全部穿过而不受影响,此时反射光谱在 Bragg 光纤光栅波长 λ_B 处出现峰值。光栅受到外部的应力、应变、温度等作用时,其周期会发生改变,从而引起波长的变化。通过测量光谱中峰值的移动变化,就可以得出要量测的应力、应变、温度等的变化。

模型试验中两盐腔之间的矿柱为重要监测对象,本次试验特别制作了配合光纤监测系统使用的微型内埋式光纤棒式位移传感器对矿柱的水平位移进行监测。光纤棒式位移传感器通过在细基体棒上粘贴光纤传感器制作而成(见图 5.46),靠基体棒的弯曲来实现位移的检测,即测试模型内部沿基体棒的弯曲位移。光纤棒式位移传感器分为 A、B 两个监测方向,分别对应需要监测的两个盐腔的方向,每个方向上的监测点分别对应每个监测面。试验使用时,将其预埋设在盐岩溶腔体周围,用来探测盐腔洞周的水平位移。

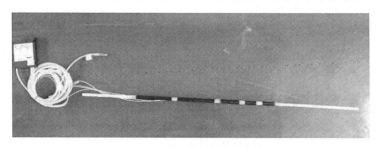

图 5.46　光纤棒式位移传感器

5.4　本章小结

本章主要介绍了相似理论以及盐穴储气库全周期注采运行监测与评估模拟试验系统的研发,主要结论如下:

(1)基于相似理论,确立了双盐穴储气库相似比尺为 200～300,确定了盐穴储气库全周期注采运行监测与评估模拟试验系统的模型尺寸和模拟范围。

(2)确定了模拟试验系统的功能与技术指标,自主研发了盐穴储气库全周期注采运行监测与评估模拟试验系统。该系统主要由模型反力台架装置、顶梁升降平移锁定系统、液压加载系统、气体注采系统、测试系统等构成。该模拟试验系统可真实模拟盐穴储气库所处的三维地应力和储气库内部注采气时的压力变化过程,可获取全周期注采运行过程盐穴储气库围岩的应变、应力、位移等物理量信息,为后续研究盐穴储气库全周期注采运行的监测与安全评估提供了试验装备。

参考文献

[1] 王汉鹏,李术才,张强勇,等. 地质力学模型试验过程中关键技术研究[J]. 实验科学与技术，2006(3)：4-8.

[2] 王汉鹏,李术才,郑学芬,等. 地质力学模型试验新技术研究进展及工程应用[J]. 岩石力学与工程学报，2009，28(S1)：2765-2771.

[3] 陈安敏,顾金才,沈俊,等. 地质力学模型试验技术应用研究[J]. 岩石力学与工程学报，2004(22)：3785-3789.

[4] 屠兴. 模型实验的基本理论与方法[M]. 西安:西北工业大学出版社，1989.

[5] 顾大钊. 相似材料和相似模型[M]. 徐州:中国矿业大学出版社，1995.

[6] 机械工程师手册第二版编辑委员会. 机械工程师手册[M]. 2版. 北京:机械工业出版社，2008.

[7] 张乾兵,朱维申,李勇,等. 洞群模型试验中微型多点位移计的设计及应用[J]. 岩土力学，2011，32(2)：623-628.

[8] 王桂芳. 现代数控机床的测量系统——光栅尺的测量原理和选择标准[J]. 现代制造，2002(19)：66-68.

[9] 李仲奎,王爱民. 微型多点位移计新型位移传递模式研究和误差分析[J]. 实验室研究与探索，2005，24(6)：14-17，44.

[10] 陈旭光,张强勇,段抗,等. 基于光栅传感的模型测量系统应用研究[J]. 岩土力学，2012，33(5)：1409-1415.

[11] 朱维申,李勇,孙林锋,等. 用于模型试验的柔性传递式内置微型多点位移测试系统:200810138975.5[P]. 2008-08-18.

6 盐岩蠕变相似材料研发与相似模型制作

根据相似原理对相应工程问题进行缩尺研究,从而得出实际工程地质力学参数,这是地质力学研究的一种手段。在不影响整体结构的情况下对研究对象进行适当简化得到所需的研究模型,因原岩力学参数较为复杂,等比折减后无法通过单一材料模拟,所以配制适合特定地层参数的相似材料是模型试验研究准确的必要条件。

6.1 金坛盐穴储气库工程概况

金坛盐矿位于江苏省金坛市西北方向,处于经济与工农业发达地区,毗邻大城市,能源需求量大。金坛盐矿西靠茅山、洋湖,东临通济河,南临长荡湖,运输方式以公路为主,金坛的公路系统相对完善,交通甚为方便。金坛盐矿周围河网密集,丹、金、溧槽河与京杭大运河、长江相接,可以通过较大船舶,水路运输也很方便。

金坛盐矿区现共有 30 口采完的废弃腔体,其中直溪桥井区具有单独稳定的腔体结构,容积满足要求,而且现场监测表明直溪桥井区腔体矿柱宽度较大,适合改建为地下盐穴储气库。本文主要选取直溪桥井区已经运行的西 1、西 2 腔进行稳定性分析。

西 1、西 2 腔的间距为 104.43 m,该井区内共有 4 口井,目前只有苏 26 新井有地质资料。依据苏 26 全深地层资料,对西 1、西 2 腔的腔体内地层进行"厚度等比法"推算,获得了两腔体的地层基本资料,其地层分布如图 6.1 所示。

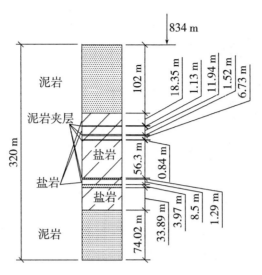

图 6.1　西 1、西 2 腔地层分布

根据钻井与测井资料显示,苏 26 井的盐层总厚度为 140 m,含有 0.82～3.85 m 厚度不等的 5 个泥岩夹层。西 1、西 2 腔盐层总厚度分别为 144.6 m 和 144.8 m,根据"厚度等比法"推算,西 1、西 2 腔的腔体中 5 个泥岩夹层的厚度分别为 1.13 m、1.52 m、0.84 m、1.29 m 和 3.97 m。

根据现场的声呐测量,西 1 腔的腔体呈梨形状,腔体高度为 53.9 m(埋深 959.5～1013.4 m),最大腔径为 52.6 m,测量容积为 15.59×10⁴ m³,如图 6.2 所示。西 2 腔体近似梨形状,腔体高度 70 m(埋深 937.4～1007.4 m),最大半径 44.4 m,测量容积 15.94×10⁴ m³,如图 6.3 所示。两腔体的具体参数如图 6.4 所示。

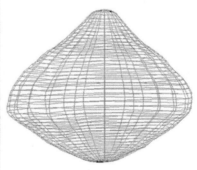

（a）三维图　　　　　　　　（b）声呐探测图

图 6.2　西 1 盐腔

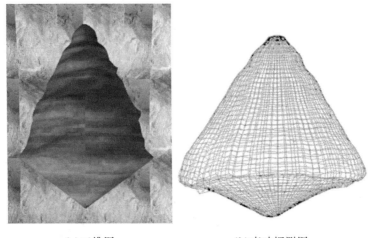

(a)三维图　　　　　　　　　(b)声呐探测图

图 6.3　西 2 盐腔

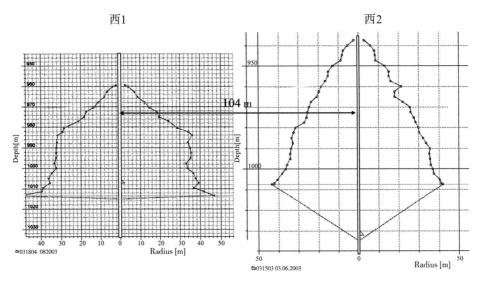

图 6.4　西 1、西 2 盐腔的具体尺寸

6.2　相似模型的确定

　　根据研究需要以及地下洞室开挖影响范围,模拟包括西 1、西 2 腔在内的 400 m×200 m×320 m 的地层范围,如图 6.5 所示。由于洞腔范围内含泥岩夹层过多且过薄,模型制作过程中不易实现,现将部分相邻夹层合并。

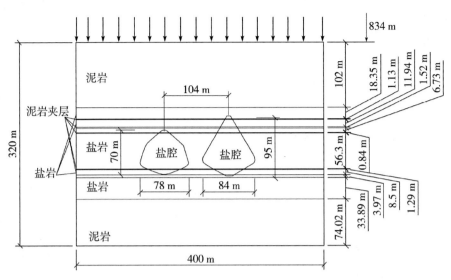

图 6.5　实际夹层分布剖面图

　　对泥岩夹层进行调整后,模型范围内的地层有盐岩、泥岩和 2 层盐岩夹层,最终确定的原型剖面与地层分布图如图 6.6(a)所示,根据试验设备尺寸推算出几何相似比为 $C_L=200$。两盐腔的实际直径别为 78 m、84 m,模型直径分别为 39 cm、42 cm;盐腔高度分别为 70 m、95 m,模型高度分别为 35 cm、47.5 cm;两个盐腔之间矿柱现场实测距离为 104 m,模型矿柱距离为 52 cm。盐岩上覆泥岩的厚度为 102 m,盐岩地层厚度约为 144.5 m,盐岩中分布有两层含泥岩夹层分别为 2.36 m、5.26 m,盐层下部泥岩约为 74 m。西 1 盐腔高 71 m,其最大洞径为 78 m,西 2 盐腔高 95 m,其最大腔径为 84 m,两腔间距最近为 23 m。按照相似比折算后的模拟地层尺寸如图 6.6(b)所示。

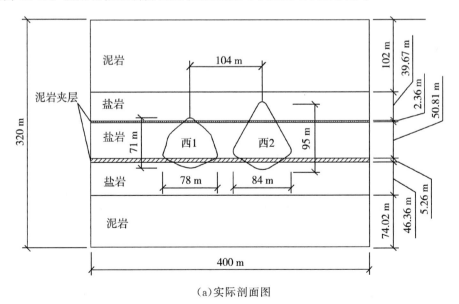

(a)实际剖面图

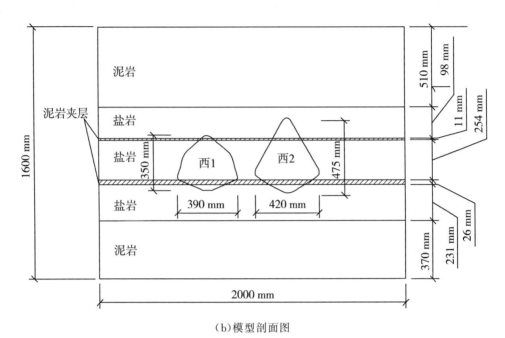

（b）模型剖面图

图 6.6　模拟地层剖面图

6.3　盐岩蠕变相似材料研制

6.3.1　相似材料的选取

为了使试验能够有效地模拟实际工程,试验模型所用的材料必须与实际地层性质相似,且力学参数符合基本的相似比例。显然单一的材料无法满足复杂的岩土条件,需要通过不同特性的材料进行搭配。一般相似材料由骨料与黏结剂组成,通过改变材料之间的比例得到符合试验要求的相似材料。选取相似材料应遵循有以下几个原则[1]:

（1）相似材料的物理力学性质特点要与原型材料相似,这是相似材料选取最基本的要求。

（2）相似材料应由散状骨料组成,经黏结剂胶结并强压成砌块时具有结构致密且内摩擦角大的特点。

（3）采用胶结性较弱的黏结剂,满足相似材料的弱强度属性。

（4）成型后的相似材料要保证力学参数与性质稳定,不受温度和湿度变化的影响。

（5）相似材料应采用价格低、易获得的原材料。在相似材料配制与试验过程中往往要消耗大量相似材料,价廉易得的原材料可以降低试验成本,减少浪费。

（6）相似材料可以快速成型,并能达到预期强度,主要体现在材料可以快速干燥,而且黏结剂可以在干燥后迅速起效。

（7）原材料及相似材料无任何毒副作用,且不会对环境造成任何污染。

以往相似材料研究主要是模拟硬岩的力学性质,无法体现盐岩低渗透特性和良好蠕变行为的特点,无法模拟全周期注采运行过程中盐岩的蠕变发挥的作用。山东大学岩土与结构工程研究中心结合其他各种相似材料的优点以及盐岩的特有性质,研制出了IBSCM(铁晶砂胶结材料)相似材料,由铁精粉、重晶石粉、石英砂、松香、酒精配置而成,如图 6.7 所示。通过不同配比的调试,可以得到需要的盐岩相似材料力学参数,且具有与盐岩相似的蠕变特性。

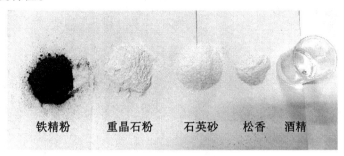

铁精粉　　重晶石粉　　石英砂　松香　酒精

图 6.7　相似材料配置原料

6.3.2　相似材料配置

基于相似准则,根据金坛地区原岩力学参数计算出相似材料的力学参数理论值(见表 6.1)。

表 6.1　金坛地区原岩与相似材料理论力学参数

材料名称	重度/(kN/m³)	弹性模量/MPa	泊松比	抗压强度/MPa
盐岩	23	18 000	0.3	19
盐岩相似材料	23	90	0.25	0.095
盐岩夹层	23.2	8000	0.25	22
夹层相似材料	23.2	40	0.3	0.11
泥岩	24	10 000	0.25	29
泥岩相似材料	24	50	0.25	0.145

在前人的研究基础上,根据表 6.1 中的力学参数进行模型试验中盐岩与泥岩相似材料的材料配比研究,分别改变每种材料的比例最终得到符合力学参数要求的相似材料。具体步骤如下:

(1)称料:按照试验方案配比进行各种材料的称重。

(2)配制溶液:将称好的松香、酒精放入烧杯,搅拌至松香充分溶解。

(3)搅拌:先将三种干骨料搅拌均匀,然后加入溶解完成的松香酒精溶液进行搅拌,直至均匀为止,保证所有相似材料呈松散状。

(4)成形:单轴压缩试验采用直径为 50 mm、高为 100 mm 的标准圆柱状试件。称量一定质量的材料时,分层捣实放入标准试件模具内,将模具放在专为低强度试件压制研制的小仪器千斤顶的托盘中心（见图6.8），手动将压力加到2~3 MPa，稳压5~10 min，成型后打开磨具，取出试块，为保证参数测量的准确性，每种配比压制三块，并贴标签标记。

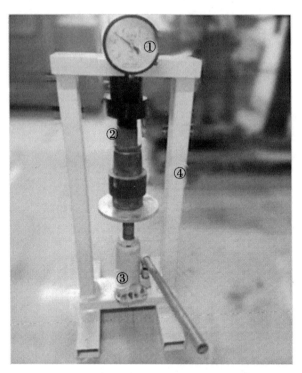

①压力表；②模具；③千斤顶；④反力架

图6.8　低强度试件成形仪

（5）晾干：将试块放在通风阴凉处晾干（见图6.9），为确保试件充分干燥，每隔一段时间进行称重，直到质量再不发生变化。

图6.9　试件干燥

6.3.3 单轴抗压试验

单轴抗压强度通过单轴压缩试验进行得到[2],公式如(6-1)所示。

$$R_c = \frac{P}{A}$$ (6-1)

式中,R_c为单轴抗压强度;P为无侧限条件下的轴向破坏荷载;A为试件横截面积。

根据相似比推算,本试验相似材料抗压值在 0.2 MPa 左右,现有液压式压力机由于量程较大,无法达到所需的精度,故研制了手摇式加载试验仪。

6.3.3.1 仪器构成及功能

压力加载系统包括液压千斤顶、压头、反力架,可为试验仪提供压力;手动控制系统包括手摇杆和传动装置;数据采集与显示系统包括压力传感装置和显示器,起到数据采集和显示的作用,如图 6.10、图 6.11 和图 6.12 所示。该试验装置具有结构简单轻巧、操作方便、系统稳定可靠的优点。

①反力架;②压头;③显示器;④手摇杆

图 6.10 手摇式加载试验仪

图 6.11　手摇式加载试验仪的内部结构

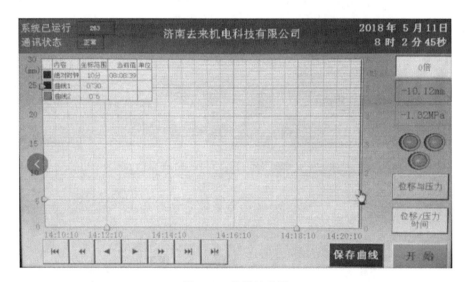

图 6.12　仪器显示屏

6.3.3.2　各材料组分的作用

通过单轴抗压试验,可知各成分材料对相似材料物理力学性质的影响,得出结论如下:

(1)松香酒精溶液:作为相似材料的黏结剂,松香溶于酒精中,待酒精挥发后起到胶结作用。溶液浓度是改变相似材料各项物理参数的关键因素,松香酒精溶液的浓度越高,相似材料的抗压强度与弹性模量越大(见图 6.13、图 6.14)。

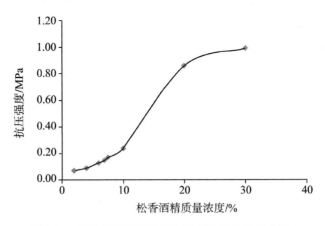

图 6.13 松香酒精溶液浓度与抗压强度的关系曲线

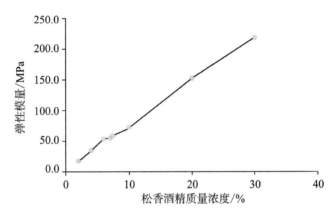

图 6.14 松香酒精溶液浓度与弹性模量的关系曲线

(2)石英砂:作为相似材料的粗骨料,可以起到优化相似材料颗粒级配、调节材料的力学特性的作用。通过改变石英砂含量,可以改变相似材料的抗压强度与弹性模量(见图 6.15、图 6.16)。

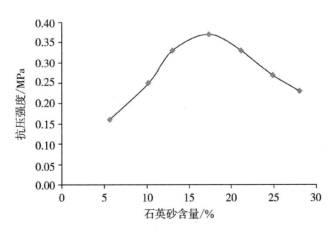

图 6.15 石英砂含量对抗压强度的影响

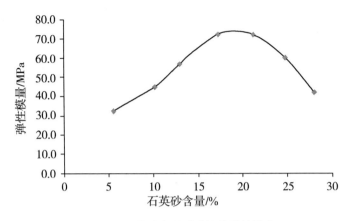

图 6.16   石英砂含量对弹性模量的影响

（3）重晶石粉：作为相似材料的细骨料，有助于相似材料的成型。

（4）铁精粉：重度较大，用来调整相似材料的容重，铁精粉在铁精粉和重晶石粉总量中比重越大，相似材料的重度越大（见图 6.17）。根据相似理论公式，当相似材料的容重与原岩的容重相同时，可以简化模型与实际工程其他参数之间的换算。

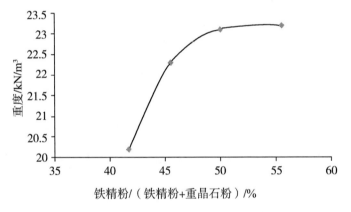

图 6.17   铁精粉的含量与重度的关系曲线

6.3.3.3   短期力学试验结果

通过试件进行单轴压缩试验（见图 6.18），得到了材料抗压强度、泊松比等力学参数，并与相似材料理论值对比，及时调整配比，探索各种材料含量对相似材料性能的影响，直至获得与理论值相符合的配比，最终确定本试验选用的相似材料配比（见表 6.2）。

图 6.18 试件破坏图

表 6.2 储气库介质的相似材料配比

储气库介质名称	材料配比($I:B:S^1$)	黏结剂^{2}质量浓度/%	黏结剂^{2}占材料总重/%
盐岩	1：0.27：0.45	8	5
泥岩	1：0.67：0.45	7	5
盐岩夹层	1：0.67：0.19	10	5

注：1. I 为精铁粉含量；B 为重晶石粉含量；S 为石英砂含量；三者均采用重量单位。

2. 黏结剂为松香溶解于酒精后的溶液。

三种配比的相似材料的应力-应变曲线如图 6.19 所示。

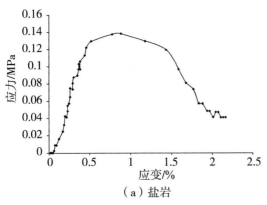

（a）盐岩

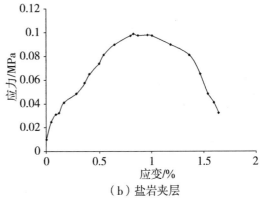

（b）盐岩夹层

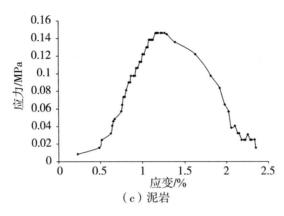

（c）泥岩

图 6.19　相似材料应力应变曲线

　　三种相似材料的应力-应变与原岩的规律基本相似（见图 6.20），都具有弹性变形、塑形变形、应变软化三个阶段。弹性阶段普遍较短，当试件达到峰值破坏时，仍具有一定的残余强度，这说明相似材料可以较好模拟原岩力学性质。三种相似材料的具体试验参数如表 6.3 所示。

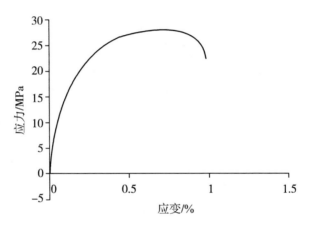

图 6.20　盐岩原岩应力应变曲线

表 6.3　三种相似材料物理力学参数实测值

相似材料名称	重度/(kN/m³)	弹性模量/MPa	泊松比	抗压强度/MPa
盐岩	23.2～23.6	84～90	0.29～0.32	0.08～0.2
盐岩夹层	22.8～23.3	30～40	0.23～0.25	0.14～0.18
泥岩	23.0～23.4	35～45	0.21～0.24	0.9～0.18

6.3.4 低强度流变仪研发

蠕变性能作为盐岩的重要性质,是保证盐穴储气库长期稳定性的重要因素。目前蠕变试验装置大多数使用刚性液压伺服加载,虽然这些仪器装置可以实现自动化加载与数据采集,但也有明显的缺点:①试件受液压伺服系统加载,无法保证加载力恒定,易出现载荷过冲的情况。②荷载量程过大,无法达到相似材料加载精度要求。③仪器造价高,试验能耗较高。

本节在张强勇等[3]研制的单轴蠕变仪器的基础上进行了改进,研制了新型单轴压缩蠕变试验仪,如图 6.21、图 6.22、图 6.23 所示。四个配重的质量与加压板质量相同,通过定滑轮组与加压板相连形成自平衡系统,可以抵消加压板的自重,保证施加荷载的准确性。加压板与支撑杆之间安装轴承起到减小摩擦力的作用,使荷载有效地传递到试件上。试验时将试件放置在位于底座的试件定位盘内,向下移动加压板,使之与试件顶部刚好接触,缓慢地将标准重块放置到加压板上,调整缓冲螺栓避免放置标准重块时对试件造成冲击,放置砝码后拧动缓冲螺栓实现轴向加载。差动式微位移传感器通过监测底座和加压板的相对位移来监测试件的轴向变形,通过测量试件高度来计算轴向应变。差动式微位移传感器通过数据采集盒与计算机连接,实现试验过程中数据的实时采集,并可在计算机中实时绘制出轴向变形曲线。位于支撑杆底部的活动柔性保护套管可以在试块突然被破坏时保护传感器不被加压板压坏。

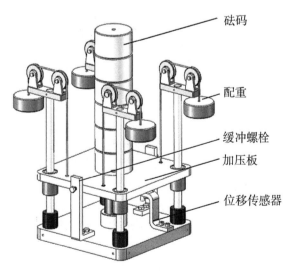

图 6.21 新型单轴压缩蠕变试验仪效果图

图 6.22　新型单轴压缩蠕变试验仪

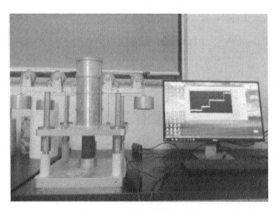

图 6.23　单轴蠕变试验

新型单轴压缩蠕变试验仪主要有以下特点：

(1)采用堆叠标准重块的方式加载,符合蠕变试验中分级加载的特点,操作相对简单,可以保证长时间加载过程中所施加的轴向荷载的稳定性和连续性。

(2)相比于刚性液压伺服加载,标准重块提供的轴向荷载较小,适合于类似盐岩的相似材料的软岩蠕变试验。

(3)该试验仪器结构简单,体积较小,方便进行盐岩相似材料蠕变试验。

6.3.5　盐岩相似材料蠕变特性

6.3.5.1　蠕变试验方案

蠕变试验有单级和多级两种加载方式,由于试验条件的限制,一般采用多级加载。根据相似材料的单轴抗压强度设计蠕变各级的加载强度,一般为 15%、30%、45%、60% 和 75%,每级加载时间大于 8 h。具体实施方案如表 6.4 所示。

表 6.4 相似材料蠕变试验方案

	盐岩		盐岩夹层		泥岩	
	荷载/MPa	加载时间/h	荷载/MPa	加载时间/h	荷载/MPa	加载时间/h
一级荷载	0.02	8	0.02	8	0.04	8
二级荷载	0.04	8	0.04	8	0.08	8
三级荷载	0.06	8	0.06	8	0.1	8
四级荷载	0.08	8	0.08	8	0.12	8
五级荷载	—	—	0.1	8	0.14	8

6.3.5.2 蠕变试验结果分析

三种相似材料的蠕变过程包含初始蠕变、稳态蠕变和加速蠕变三个蠕变阶段,三种相似材料单轴压缩蠕变曲线如图 6.24 所示。在低压加载阶段,相似材料只表现出初始蠕变和稳态蠕变现象。随着加载压力的不断增大,相似材料的应变增大率逐渐增加,并在最后一个阶段出现加速蠕变的现象。在 60%抗压强度的稳定压力下,盐岩相似材料的应变为 0.0025～0.005,与盐岩应变范围(0.003～0.006)一致(见图 6.25)。

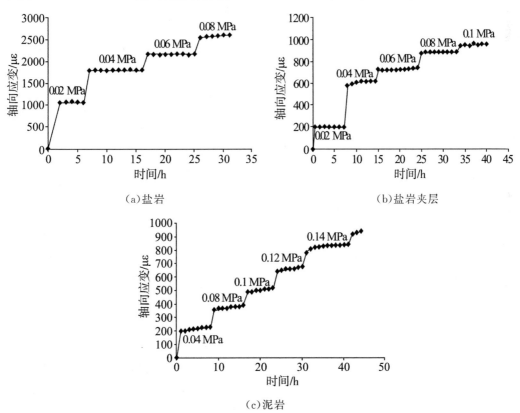

图 6.24 三种相似材料单轴压缩蠕变曲线

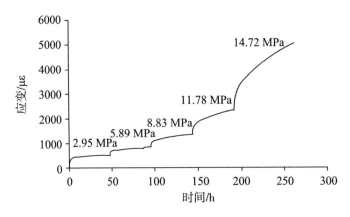

图 6.25　金坛盐岩单轴蠕变曲线

通过计算可得到不同应力条件下盐岩相似材料和原岩的稳态蠕变率(见表 6.5),由此可知稳态蠕变率随压力的增大而增大。当应力大小接近时,原岩与相似材料的稳态蠕变率基本相同,满足地质力学模型试验的要求。

表 6.5　盐岩相似材料与金坛原岩的稳态蠕变率

材料	应力/MPa	稳态蠕变率/d^{-1}
相似材料	4	4.99×10^{-5}
	8	1.35×10^{-4}
	12	2.03×10^{-4}
	16	5.98×10^{-4}
原岩	5.89	8.61×10^{-5}
	8.83	1.67×10^{-4}
	11.78	2.23×10^{-4}
	14.72	3.75×10^{-4}

6.3.5.3　长期强度

长期强度是评价盐岩蠕变特性的重要指标,可以通过等时曲线法求得[4,5],如图 6.26 所示。由于相似材料在蠕变过程中的变形量较小,各条等时曲线的屈服点基本一致,屈服点连线的水平渐近线可近似为平行于坐标横轴的直线。相似材料的等时曲线有两个拐点,第一个拐点对应线性的弹性变形向黏弹性变形的过渡阶段,第二个为黏弹性变形向黏塑性变形的过渡阶段。选取应力值为 0.054 MPa 作为相似材料的长期强度值,同理原岩的等时曲线屈服点为 10.3 MPa,基本符合相似比,原岩与相似材料的长期强度指标基本相同。

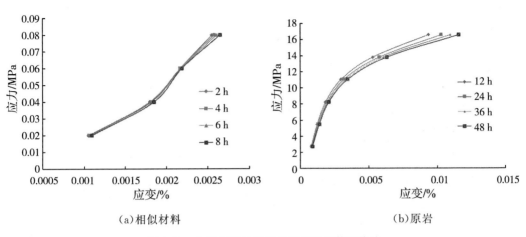

（a）相似材料 　　　　　　　　（b）原岩

图 6.26　盐岩相似材料与盐岩原岩的等时曲线

6.4　相似模型的制作

地质力学相似模型体的制作方式一般分为两种：预制模型块堆砌法和现场制作法。针对本试验要求，相似模型体采用现场制作法，地下盐腔采用预埋模型盐腔成型法制作技术，具体制作流程如图 6.27 所示。

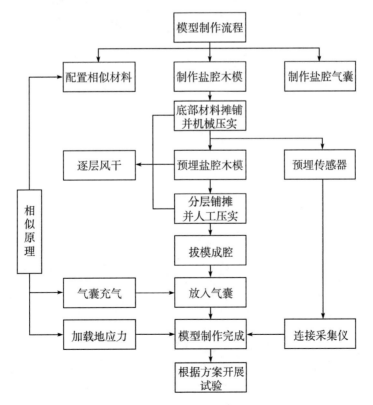

图 6.27　试验模型制作流程

6.4.1 地质模型成型制作方法与技术

根据上文选取的试验模型,制作地层模型时需要注意以下几点:①试验模型中包含多种地层,在填料过程中要精确区分,尤其是夹层部位由于厚度较小应避免与其他地层混合。②模型整体体积较大,直接大量填充材料容易造成材料中酒精无法及时挥发,使得相似材料无法达到预期强度。③压实过程中要保证材料均匀受力。

结合国内外模型试验的经验[6],本试验采取分层填料压实风干的方法。具体步骤为:

(1)填料前的准备工作:为防止材料从推力器与导力框之间渗漏,填料前应先在推力器与导向框之间粘贴密封胶带并安装聚四氟减摩板(见图 6.28)。

图 6.28　填料前准备工作

(2)称量材料并混合搅拌:计算出每次填料所需相似材料的总重量,并根据材料配比分别计算出每种材料的重量,并进行称重。将称重好的铁精粉、石英砂、重晶石粉放至搅拌机中混合均匀,再将混合好的酒精松香溶液倒入搅拌机中进一步搅拌均匀。

(3)填料铺平:将搅拌好的相似材料倒入模型装置中并进行初步摊平(见图 6.29)。

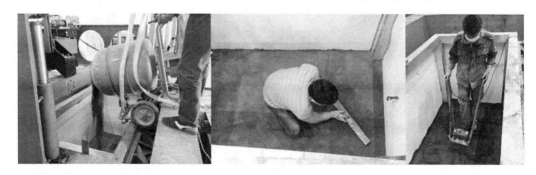

图 6.29　填料与摊平

（4）夯实填料：传统的材料压实方法一般采用人工夯实，但是人工夯实无法控制材料的密实度，且会造成材料压实不均匀。本试验采用油缸-钢板压实方法，如图 6.30 所示。当未埋入木球时，将尺寸为 2000 mm×1000 mm 钢板放置在相似材料上，然后根据钢板与上推力板的距离放置传力钢管，最后通过自动升降平移装置控制上部油缸进行加压。当相似材料填至木球部位时，将分块加压钢板放入进行加压，木球周围无法压实处用橡胶锤压实至平齐处（见图 6.30）。

图 6.30　油缸-钢板压实

（5）干燥：在压实 8 小时之后，放入热风干机进行风干（见图 6.31），风干 24 小时以上，确保材料彻底干燥。

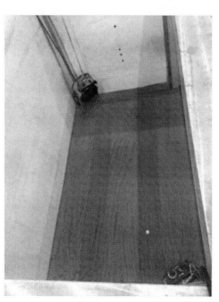

图 6.31　热风烘干

（6）分层填料：材料干燥后，表面比较硬，为防止层与层之间出现隔层，在下次填料之前应在表面喷射少量酒精且用扫帚打糙。重复填料直至预定高度。

6.4.2　复杂盐腔抽模成腔方法与技术

6.4.2.1　盐腔模具设计与制作

以往关于储气库的模型试验中，腔体一般采用理想形状，虽然可以模拟腔体的变形受力规律,但会影响实际储气库稳定性的评价。依据相似比尺(1:200),设计满足西1、西2腔体实际形态的模具,采用木质构件完成模具加工,并采用花瓣原理拼装而成(见图6.32),试验时可以分开拆出,并且可多次利用。采用特殊材料,通过多次浇筑,加工形成盐腔气囊,气囊表面光滑,可以较好地模拟实际盐腔(见图6.33)。

(a)花瓣原理模具构件　　　(b)西1腔盐腔模具　　　(c)西2腔盐腔模具

图6.32　花瓣原理形态模具

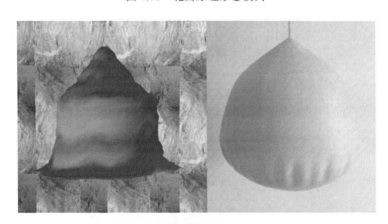

(a)西1腔

(b)西2腔

图6.33　模拟盐腔气囊

6.4.2.2 预埋成腔技术

两盐腔呈梨形,直接开挖难度大且无法得到预期形状。本试验采用预埋成腔的方法得到模拟腔体。具体步骤如下(见如图 6.34):①当相似材料填至腔底以上 10 cm 左右时,在预定位置挖出材料并放置盐腔模具。②放置模具时,首先在结合部喷洒酒精,放置新料,保证结合部光滑稳定。③填料至球腔顶部。④将木模中心桩上部的带螺纹的筋与反力架连接并用螺丝固定,再通过旋转螺丝缓缓拔出中心桩。⑤再将球体拼块依次取出,用吸尘器将腔内脱落的材料吸出并用相似材料填补,洞口周围喷洒松香酒精溶液,防止材料垮落。⑥放入带有硅胶披肩的气囊(用来保护球体与进气口处连接的薄弱位置,避免因试验气压过大造成气囊损坏),打开注采气系统,充入适量气体使其能与腔内围岩接触即可。⑦配制相似材料加大酒精比重使之具有和易性,沿气囊顶部均匀浇筑保证气囊外壁与洞腔内壁充分贴合,保护洞腔在上部填料时不被破坏。⑧对气囊顶部浇筑的相似材料进行干燥。⑨将洞腔上部分层填实。

(a)定位挖槽

(b)放置模具

(c)埋至球顶部位

(d)拔出中心桩

(e)取出木模拼块

(f)放入气囊

(g)腔顶填料

(h)干燥处理

(i)分层填实

图 6.34 预埋成腔步骤

模型制作完成后,启动操作将顶梁平移下降,使顶梁落回反力框架内,操作锁定油缸伸长,锁定顶梁,如图 6.35 所示。

图 6.35　顶梁反力装置平移锁定

6.4.3　传感器埋设方案与工艺

6.4.3.1　布设原则

根据试验要求,在注采气过程中,传感器需要实时监测盐腔洞壁,检测两盐腔中部盐柱以及周围岩体的位移,分别选择岩盐夹层、两盐腔最大腔径处与两盐腔中心处为检测层面。传感器布设时,第一圈距离盐腔壁 1~2 cm 为宜。腔顶、腔底、腔腰、腔径最大处以及夹层处设置为主要监测层面,具体位置根据地层情况调整;腔间矿柱埋设棒式位移传感器、压力盒、光纤和电阻应变砖监测水平位移与应力变化;距离腔周 20 cm 处埋设压力盒,监测应力的传递及变化情况。

6.4.3.2　布设方案

试验共设置四层监测面,分别位于两个盐岩夹层、腔径最大处以及腔腰部位(见图 6.36),沿洞周布设光纤应变传感器、电阻应变块传感器、棒式光纤位移传感器、微型多点位移计、光纤压力传感器等多种测试仪器,以监测模型洞周位移和应变的变化规律。其中,多点位移计有 16 个监测点,电阻应变块有 60 个监测点,光纤应变砖有 32 个监测点,棒式位移传感器有 8 个监测点,光纤压力盒有 10 个监测点。1♯监测面只埋设多点位移计,2♯、3♯、4♯监测面各布置两环传感器。第一环埋设多点位移计、光纤传感器、电阻应变块监测腔周水平位移、应力应变,第二环埋设应变块,监测应力传递情况;腔顶腔底分别布置压力盒与应变块(见图 6.37)。图 6.37 中实线表示盐腔腔壁,虚线表示监测层面。

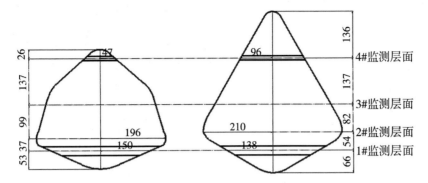

图 6.36　监测层面分布(单位:mm)

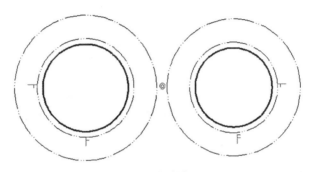

(a)1♯监测层面

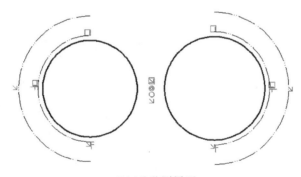

(b)2♯监测层面

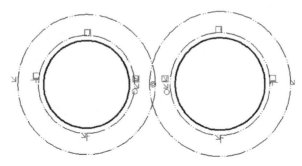

(c)3♯监测层面

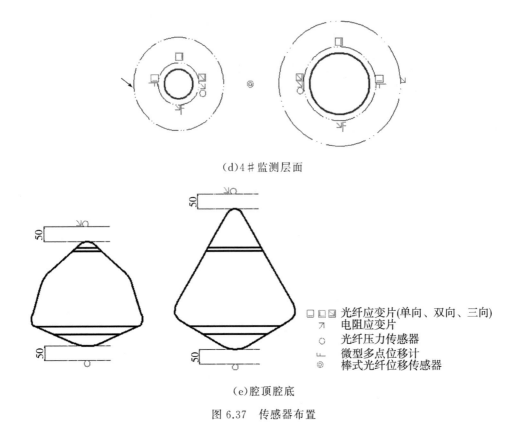

(d)4#监测层面

□ □□ 光纤应变片(单向、双向、三向)
↗ 电阻应变片
○ 光纤压力传感器
⌐ 微型多点位移计
◎ 棒式光纤位移传感器

(e)腔顶腔底

图6.37 传感器布置

6.5 本章小结

本章主要根据相似原理,以金坛储气库为研究对象,建立了地质力学模型,同时经过大量室内试验得到了具有蠕变性质的相似材料,确定了相似材料配比,并得到相似材料的短期与蠕变力学性质,主要结论如下:

(1)为了进一步开展研究,根据地下洞室开挖对巷道围岩的影响范围,对过薄的软弱泥岩夹层进行了简化处理,获得了研究模型。

(2)根据盐岩低渗透特性和良好蠕变行为的特点,研制出了 IBSCM(铁晶砂胶结材料)相似材料,它由铁精粉、重晶石粉、石英砂、松香、酒精配置而成。通过大量单轴抗压试验,得到了相似材料中各组分对相似材料性质的影响规律,并得到了符合金坛盐岩力学性质的相似材料配比,盐岩的配比为 1∶0.27∶0.45,泥岩的配比为 1∶0.67∶0.45,盐岩夹层的配比为 1∶0.67∶0.19。

(3)通过开展模型试验,明确了相似材料与盐岩具有相似的蠕变特性。根据盐岩相似材料抗压强度弱的特点,研发了低强度流变仪。通过单轴蠕变试验得到,相似材料具有初始蠕变、稳态蠕变和加速蠕变三个典型的蠕变阶段,其蠕变性与盐岩、原岩具有相似性。盐岩相似材料长期强度为 0.054 MPa,约为相似材料单轴压缩强度的 56.8%。该力学特性与原岩相似,对通过相似材料模拟试验分析的围岩蠕变特性对盐穴稳定性的影响具有至关重要的影响。

(4)依据相似比尺(1:200),设计了满足西 1、西 2 腔体实际形态的模具,采用特殊材料,通过多次浇筑,加工了形成盐腔气囊,气囊表面光滑,可以较好地模拟实际盐腔。同时完成了地质模型的制作,并确定了传感器布设方案。

参考文献

［1］王汉鹏,李术才,张强勇,等. 地质力学模型试验过程中关键技术研究［J］. 实验科学与技术,2006,4(3):4-8,17.

［2］沈明荣. 岩体力学［M］. 上海:同济大学出版社,1999.

［3］刘耀儒,李波,杨强,等. 岩盐地下油气储库群稳定分析及连锁破坏的地质力学模型试验［J］. 岩石力学与工程学报,2012,31(S2):3681-3687.

［4］沈明荣,谌洪菊. 红砂岩长期强度特性的试验研究［J］. 岩土力学,2011,32(11):3301-3305.

［5］ HELAL H,HOMAND-ETIENNE F,JOSIEN J P. Validity of uniaxial compression tests for indirect determination of long term strength of rocks［J］. International Journal of Mining and Geological Engineering,1988,6(3):249-257.

［6］井文君,杨春和,李鲁明,等. 盐穴储气库腔体收缩风险影响因素的敏感性分析［J］. 岩石力学与工程学报,2012(9):1804-1812.

7 单循环和全周期注采气循环条件下盐穴储库稳定性研究

7.1 试验步骤

7.1.1 试验流程

试验操作流程如图 7.1 所示,具体步骤如下:

(1)试验前准备:接通电源和液压系统油管等零件,启动系统,为试验前进行准备预操作;打开注采气系统、液压系统和测试系统,仔细巡检,确保各系统运行良好;操作锁定油缸回缩,将顶梁解锁;模型制作完成后,启动操作顶梁上升,使顶梁从反力框架内升起并落在轨道上,启动平移系统将顶梁整体平移;在试验空间四周铺设聚四氟减摩板,确保加载推力器与试验模型之间具备减摩措施,提高加载精度;获得试验原型围岩力学性质,根据相似比尺,计算试验模型材料强度,确定所需强度的材料配比。

(2)试验模型制作:称量材料充分搅拌后分层填料压实,放置洞腔模型后继续填埋,在预定位置埋设各类传感器;当填料高度高于模具球顶约 5 cm 时,取出模具造腔,洞腔上部分层填实;顶梁反力装置平移回落,之后将传感器与采集系统对接。

(3)试验过程操作:打开液压系统,了解试验原型的地应力大小,根据相似比尺,计算试验模型的地应力大小,并换算成外荷载,通过液压加载系统施加压力;与地应力加载同步向气囊内充入一定压力气体,气体压力大小通过洞腔周围压力传感器测定;待地应力施加到预定水平,稳压 30 min 后,进行试验,同步采集数据。

(4)试验模型取出剖视操作:操作锁定油缸回缩,将顶梁解锁;模型制作完成后,启动操作顶梁上升,使顶梁从反力框架内升起并落在轨道上,启动平移系统将顶梁整体平移;启动液压系统,使液压油缸回缩,将试验模型吊装取出试验空间,放置在试验装置外部;打扫试验空间内卫生,并使顶梁平移下降并锁定,复原并关闭各系统,为下一次试验做好准备工作。

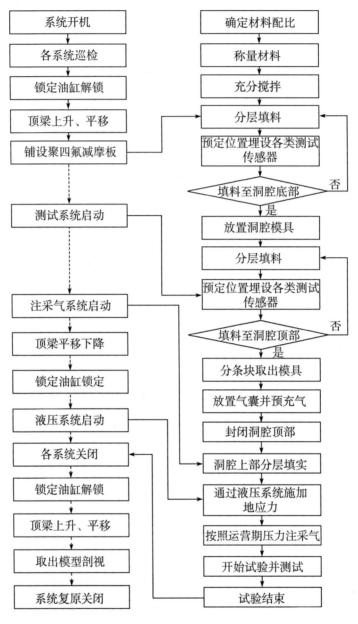

图 7.1　试验操作流程

7.1.2　地应力加载

试验采用梯形加载实现地应力模拟。根据盐腔顶深 834 m、底深 1154 m 的数据,参照现场 1050 m 实测垂直地应力为 24.5 MPa,得出实际模拟地层顶部垂直地应力为 20 MPa,底部垂直地应力为 27 MPa(见图 7.2)。根据 1∶200 的应力相似比尺进行折算,采用四级梯度加载,得出物理模型加载方案(见图 7.3)。

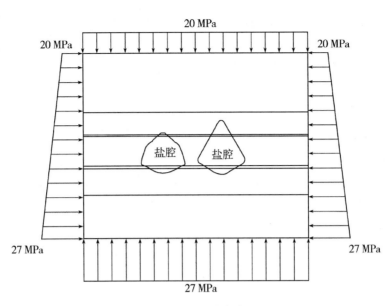

图 7.2　原型地应力

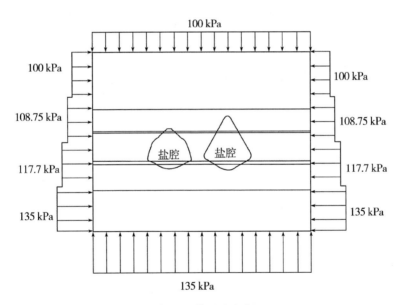

图 7.3　模型地应力

　　在获得模型地应力的基础上,推算油缸的输出压力,计算时需考虑油缸活塞面积、推力器面积、油管摩阻等因素,保证试验过程中压力的准确性,计算公式如式(7-1)所示,表7.1 为本次试验的计算结果。试验开始前,根据实际储气库成腔后的卤水压力计算得到试验腔体初始压力为 65 kPa,按照表7.1 的数值进行液压站设置。加压后,观察腔周传感器变化,直到模型内的荷载平衡,即可进行模型试验。

$$\frac{A_{推力板}\cdot P_{地应力}}{A_{油缸}}\cdot f=P_{液压站} \tag{7-1}$$

式中，$A_{推力板}$ 为推力板面积，为固定值，设备共有三个推力板，分在顶底、侧面和前后面，面积分别为 0.2 m²，0.2 m²，0.16 m²；$P_{地应力}$ 为计算获得的模型地应力，单位为 MPa；$A_{油缸}$ 为油缸内面积，为固定值，面积为 0.00785 m²；$P_{液压站}$ 为液压站输出压力，单位为 MPa；f 为由于系统的阻力产生的摩擦系数，因加载系统压力较小，经过标定此值取 1.25。

表 7.1 液压站实际输出压力表

油路位置	底部			侧面			前后面			顶部
油路编号	1	2	3	4	5	6	7	8	10	12
理论压力/MPa	3.44	3.33	3.11	2.88	2.66	2.66	2.49	2.31	2.13	2.55
考虑阻力/MPa	4.30	4.16	3.89	3.60	3.33	3.33	3.11	2.89	2.66	3.19

由图 7.4 所示试验结果可知，两腔体以相同速率进行注采模拟。

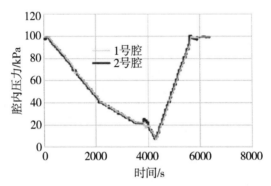

图 7.4 盐穴储气库注采气压力曲线

取 4 个监测层面重要监测点（两个腔体中间处）的数据进行数据分析，每个监测层面的应变规律与气压变化规律基本相同，如图 7.5 所示。盐腔内压力变化能很好地体现监测的围岩的应变和压力。

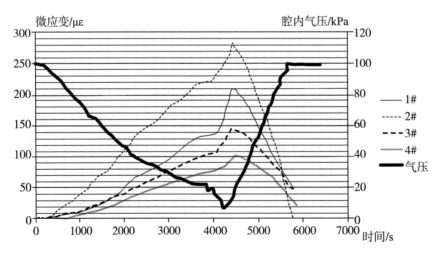

图 7.5 监测层面应变与气压变化规律

7.1.3　传感器埋设流程

为避免摊铺压实过程中压实机的不均匀力而导致传感器损坏,在摊铺到目标断面以上 7 cm 处将传感器进行挖槽埋设,引出导线时确保各引线不走锐角以免损坏线路,引出后做好标记,随时与测试系统连接检查。传感器埋设如图 7.6、图 7.7 和图 7.8 所示。

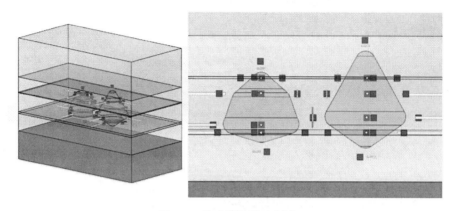

图 7.6　传感器埋设示意图

图 7.7　传感器挖槽

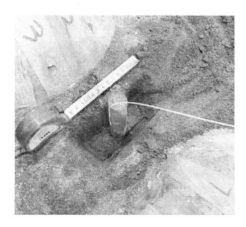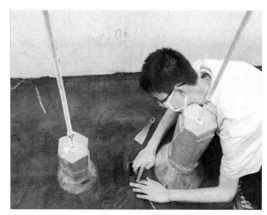

图 7.8　传感器埋设

7.1.3.1 光纤应变传感器和电阻应变砖埋设

埋设前设置走线路径,尽量与模型壁垂直,根据盐腔形态,开槽位置与腔壁的距离控制在 1 cm 左右。埋设位置距离光纤应变砖和电阻应变砖传感器分 x、y、z 三个方向,其中 x 方向与腔体垂直,y 方向与腔体平行,z 方向与腔体呈 45°,根据监测点的位置与监测方向做好相应的标记。在 3 cm×3 cm×3 cm 的相似材料块的一个表面分别沿 0°、90°、45°方向粘贴 3 根光纤光栅,如图 7.9 所示。

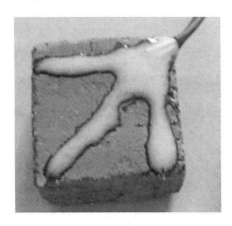

图 7.9 光纤应变块

光纤应变砖和电阻应变砖传感器的安装过程如图 7.10 所示,将模型填筑压实到设计高程以上 5~8 cm,根据传感器布置方案确定传感器的埋设位置。采用预埋的安装方式[1, 2],埋设过程如下:

(1)挖槽:在该高程埋设点挖 4 cm×4 cm(比应变砖稍大,保证光纤光栅应变传感器完全置入)并具有一定深度(不浅于 4 cm)的小坑。

(2)埋点:将所挖的小坑底面夯平,以保证传感器不倾斜,然后将光纤光栅应变块放入小坑内,并使光纤光栅和洞室轴线垂直,以测试洞室围岩的径向应变。

(3)填料压实:定位准确后用模型材料将小坑填平夯实。

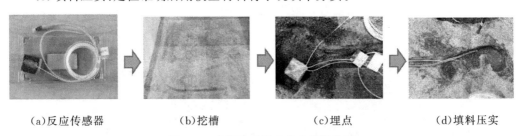

(a)反应传感器　　　　　(b)挖槽　　　　　(c)埋点　　　　　(d)填料压实

图 7.10 电阻和光纤应变砖埋设步骤

7.1.3.2 多点位移计埋设与安装

根据盐腔形态,多点位移计的小爪应紧贴木球竖直埋设,距离腔壁控制在 1 cm 左右,埋设时避免热缩管弯曲,埋设过程如图 7.11 所示。对于洞腰部位测点的埋设,采取先开挖管槽,然后在管槽内量测出预埋设测点的位置,刻画横槽,再将一根套管连接的三个测点分别插入横槽内固定,最后填料夯实。对于洞底部位测点的埋设,在材料压制过程中先预留竖槽,待压制完模型第三层材料后(模型体一半高度),将套管从模型体顶部沿留好的竖槽插入模型体内,穿过模型体到达底部,然后将尾端钢丝绳从模型体下面拉紧,并挂在已制备好的滑轮上。对于拱顶部位测点的埋设,则是将套管与测点固定在预设位置后填料压实,然后直接用中间留有引线孔的模型压制板将材料压实,并将套管及其对应的测点固定好。

(a)微型多点位移计　　　(b)挖槽　　　　　　(c)埋点　　　　　　(d)填料压实

图 7.11　多点位移计埋设步骤

光栅位移采集系统在模型试验中的应用示意图如图 5.39 所示。微型多点位移计的测点锚头通过测丝按设定间距埋设,多点位移计的护管通过装置出口引出并经过滑轮连接在固定于独立框架上的光栅尺的动尺上,动尺再通过测丝与滑轮和吊锤相连,保证内部测点的位移准确传递到光栅尺上。

将位移计剩余在外的管子留下 5～8 cm 后割掉多余的,安上中间的白色圆柱,保持钢丝处于中间位置。安装多点位移计的固定支架,将平行架对应多点位移计的钢丝安装上。然后,在滑轮和尺子的位置加固平行架螺丝(见图 7.12)。

图 7.12　安装支架

用 502 胶水将滑轮粘贴在平行架上,滑轮应处于多点位移计出口位置。注意观察钢丝的走向,上下左右不能有干扰(见图 7.13)。

图 7.13　粘贴固定滑轮

位移标尺一端与多点位移计引伸出的钢丝相连接,另一端安装配重块,并且保持配重块与固定支架保持 45°夹角,使位移标尺尽量接近 0 点位置,要保证标尺可以活动顺畅,确保采集的数据精准(见图 7.14)。

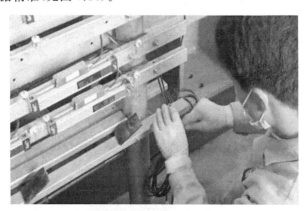

图 7.14　安装配重块

7.1.3.3　棒式位移传感器埋设

棒式位移传感器埋设时,应根据地层的监测面位置与传感器监测点的对应关系,确定传感器底部埋深,同时确保传感器垂直放入材料中,各个监测点分别对应设计方案中的监测面(见图 7.15)。注意:每埋设一层传感器,及时进行成活率监测。

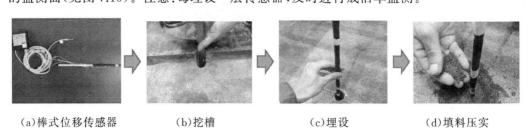

(a)棒式位移传感器　　　(b)挖槽　　　(c)埋设　　　(d)填料压实

图 7.15　棒式位移传感器埋设步骤

7.1.3.4 光纤压力盒埋设

传感器表面黄色胶带部分为测量元件光栅,在埋设过程中将光栅对准被测点。光纤压力盒埋设时,监测平面与腔体的径向垂直,埋点位置距离腔壁控制在 1 cm 左右(见图7.16)。

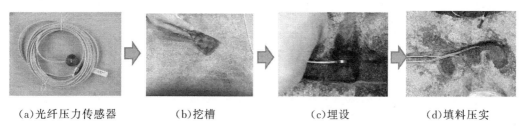

| (a)光纤压力传感器 | (b)挖槽 | (c)埋设 | (d)填料压实 |

图 7.16　光纤压力盒埋设步骤

7.1.3.5 传感器与采集系统对接

传感器与采集系统对接包括电阻式传感器与静态应变仪连接、光纤类传感器与解调仪对接以及光栅位移传感器与光栅尺和采集箱连接(见图7.17)。

图 7.17　传感器与采集系统对接

7.2　盐穴储库单循环工况模拟与结果分析

在进行大型全周期注采试验之前,选取储气库运行过程中的纯循环工况,研究单一的注采循环工况对盐穴储气库稳定性的影响规律,并且通过设备的运行以及传感器数据的分析可以监测各试验系统的工作情况,验证盐穴储气库全周期注采运行监测与评估模拟试验系统的准确性。

7.2.1　试验方案

模拟储气库在一个注采循环工况下运行,最小气压为 7 MPa(试验最小气压为35 kPa)、最大气压为 13 MPa(试验最大气压为 65 kPa)。首先进行 51 小时的采气降压,其间有 51 小时低压运行,最后进行 11 小时注气升压(见图7.18和表7.2)。

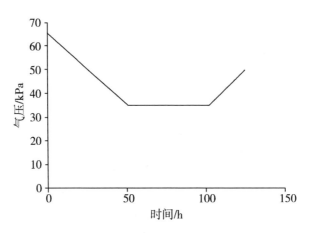

图 7.18　单循环注采运行

表 7.2　物理模拟注采参数

实际时间/天	实际气压/MPa	模拟时间/h	试验气压/kPa
0	13	0	65
30	7	51	35
60	7	102	35
67	8.6	113	43

7.2.2　腔周位移变化规律分析

选取腔腰[图 7.19(a)中①号监测点]、最大腔径处[图 7.19(a)中②号监测点]布置多点位移计监测数据进行位移分析。腔周位移变化基本与气压变化趋势相同,分为三个阶段,如图 7.19(b)所示。第一阶段为采气降压阶段,洞径最大处与腔腰位置的位移快速增加,腔腰部位位移增加速率高于最大处腔径位移增加速率。第二阶段为低压稳压阶段,腔体出现了明显的蠕变现象。在此阶段,洞径最大处与腔腰位置的位移缓慢增加,但与第一阶段相比增加较为缓慢,此阶段后半部分位移基本不变。第三阶段为短时间的注气升压阶段,此阶段位移有略微下降趋势。

由以上位移变化趋势分析可知,在单循环工况过程中,盐腔缓慢收缩。在降压阶段,盐腔的收缩速度较快,位移变化速率明显高于其他两个阶段,在全周期注采试验中应重点分析采气降压阶段的位移变化规律。稳压阶段,盐腔周围位移变化较小,腔体收缩的主要原因为降压时腔体变化的滞后以及材料本身的蠕变。升压阶段,腔体周边材料主要处于弹性阶段,腔内气压升高,位移随之减少。腔腰部位的总体位移约为腔径处位移的1.8倍。

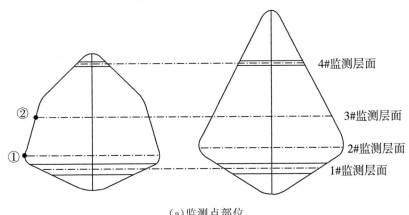

（a）监测点部位

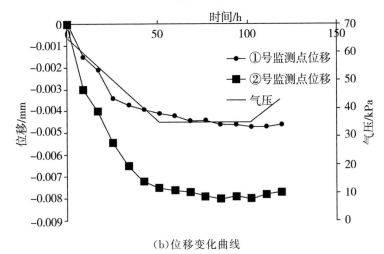

（b）位移变化曲线

图 7.19　腔周位移变化

7.2.3　矿柱位移变化分析

选择棒式位移传感器四个监测点部位进行矿柱水平位移分析,矿柱位移变化规律基本与腔周位移变化规律相似,如图 7.20 所示。随着压力的降低,中间矿柱位移快速增加,矿柱变形与内压变化稍有滞后。④号监测点距离腔壁较远,位移变化较小;②号监测点处于两腔矿柱最大处,此处矿柱宽度最小,位移大于其他监测点位移,约为 0.8 mm。

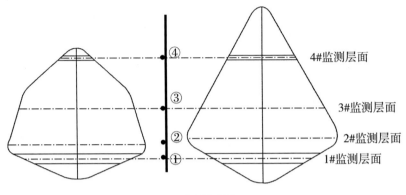

（a）监测点部位

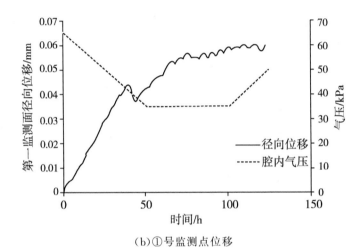

（b）①号监测点位移

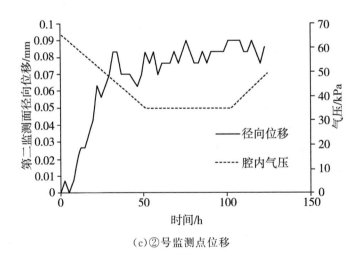

（c）②号监测点位移

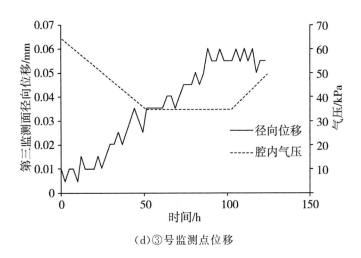

(d)③号监测点位移

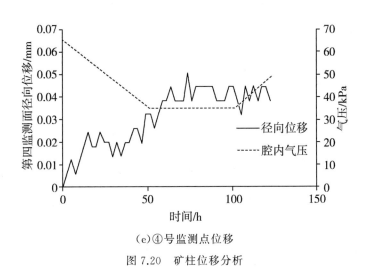

(e)④号监测点位移

图 7.20 矿柱位移分析

7.2.4 腔周应力变化规律

光纤压力传感器主要监测腔周受力分布情况,选取腔底(①号监测点)、腔径最大处(②号监测点)、腔腰(③号监测点)以及腔顶(④号监测点)进行腔周应力变化规律的监测,四个监测位置的变化规律基本相同,如图 7.21 所示。腔周应力随着储气库内压的降低,呈现明显的增加趋势;与其他三个监测位置相比,腔顶(④号监测点)应力变化幅度较为明显,出现应力集中的趋势,属于重点观察位置。

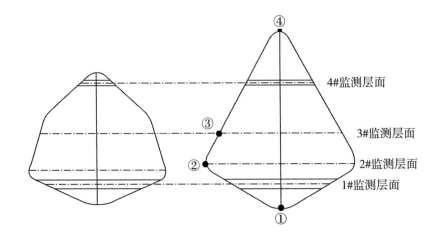

（a）监测点部位

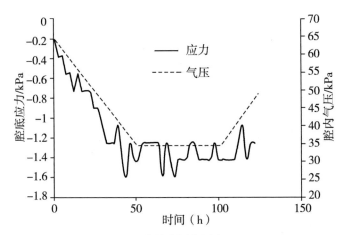

（b）①号监测点压力

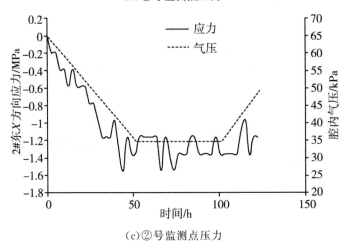

（c）②号监测点压力

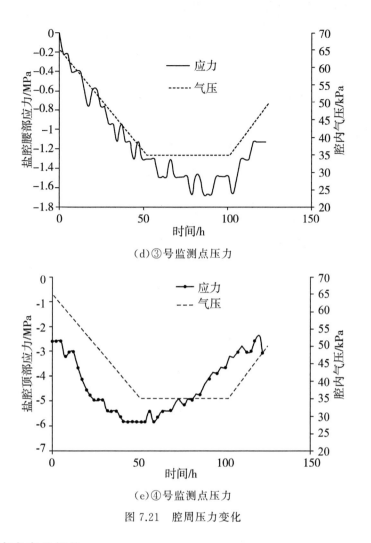

(d)③号监测点压力

(e)④号监测点压力

图 7.21 腔周压力变化

7.2.5 腔周应变变化规律

  腔体周围的应变变化规律主要由埋设的光纤应变块与电阻应变块监测得出,两者规律基本相似,进行统一分析。腔周应变如图 7.22 所示,选取最大腔径处(①号监测点)、腔腰(②号监测点)、上部夹层(③号监测点)进行分析,腔周应变变化规律与矿柱位移规律相似。采气降压阶段时,腔体周围的变形急速增大;低压稳压阶段,腔周变形速率降低,但由于蠕变效应,变形仍缓慢增大,但在稳压阶段后期逐渐平稳;升压阶段,应变有减小趋势但并不明显。同时,腔腰的应变量值是其余部位的 2 倍。

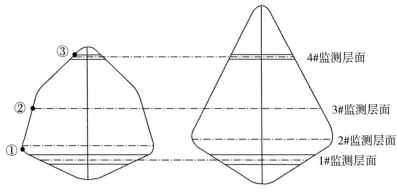

（a）监测点部位

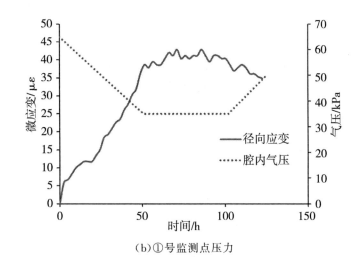

（b）①号监测点压力

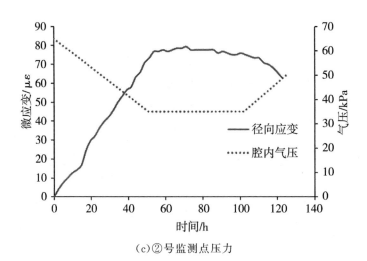

（c）②号监测点压力

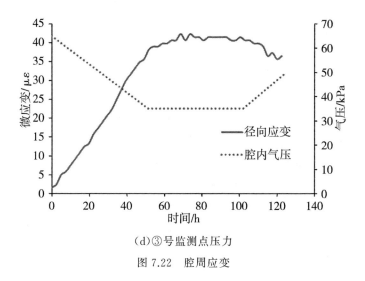

(d)③号监测点压力

图 7.22　腔周应变

7.3　盐穴储库全周期注采气循环模拟

7.3.1　试验方案

上文分析了单循环注采工况下,注采气压与应力、应变之间的影响规律,得出了盐腔在一个循环周期下的应力变形规律。在储气库调峰保供阶段,尤其是冬季供气阶段,气压变化不仅仅局限于简单的缓慢循环。图7.23为金坛储气库近七年的实际注采数据,通过适当的简化,并基于相似原理进行折算得到全周期注采试验注采方案。两腔同步注采,共有35个阶段,运行压力区间为40～68 kPa,包含恒定高压运行、恒定低压运行、采气降压与注气升压四种储气库基本工况。根据相似原理进行折算得到全周期注采气方案,由于试验时间较长,取已完成的前1000个小时的数据进行分析。

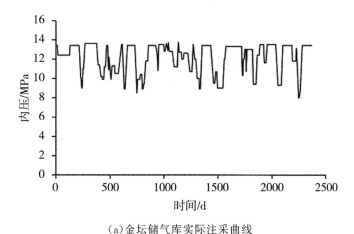

(a)金坛储气库实际注采曲线

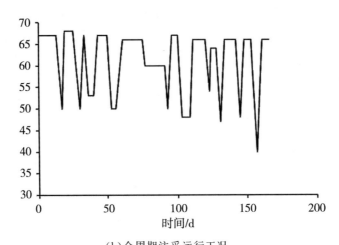

（b）全周期注采运行工况

图 7.23　金坛储气库注采气工况

7.3.2　矿柱位移监测分析

　　试验阶段包括三个稳压阶段，气压分别为 67 kPa、68 kPa、53 kPa，其中 53 kPa 稳压阶段为采气降压阶段后的低压状态。由图 7.24 可知，气压对两腔之间矿柱位移的影响也基本与单循环工况相似。在试验开始阶段，由于腔内气体注采频率较快，矿柱位移变化相对于气压变化出现了较大的滞后，尤其在数据的后半段，注气与采气之间缺少稳压阶段的过度，且注气时间相对较小，注气造成的位移减小现象不太明显。所以在储气库运行过程中，多次采气之间应尽量保持一定的气体稳压或者适当的注气，保证矿柱不会持续变形，进而影响储气库的稳定性。

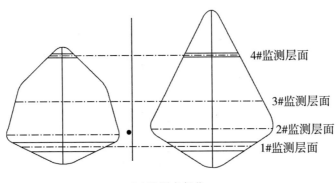

（a）监测点部位

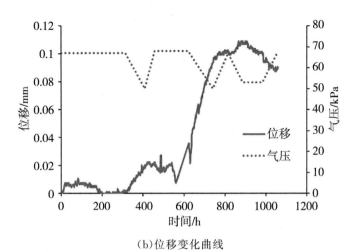

（b)位移变化曲线

图 7.24　西 1 最大腔径处矿柱位移变化

7.3.3　全周期注采循环模拟数据误差分析

在全周期注采运行模拟过程中,多点位移计、应变传感器以及光纤压力盒的数据出现了较大误差,如图 7.25、图 7.26 和图 7.27 所示,多点位移计呈现阶梯状,总体位移较小,位移变化速率与气压大小基本无关,注采气变化规律有较大偏差。腔周应变以及压力数据在试验初始稳压阶段出现了较大波动,在试验前半段由于注采频率较小,腔周应变以及压力数据基本保持与单循环工况相似的变化规律。试验后半段随着注采频率的升高,应变与压力出现无规律变化,在气压上下限没有明显改变的情况下,位移变化幅度明显增大,总应变较小,材料的蠕变性质不明显。

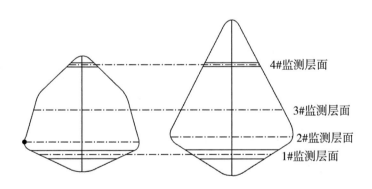

（a)监测点部位

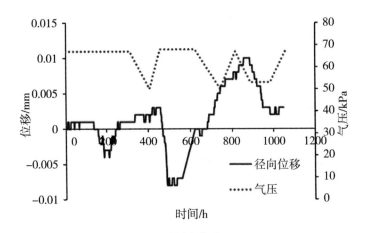

（b）监测点位移

图 7.25　腔周位移变化

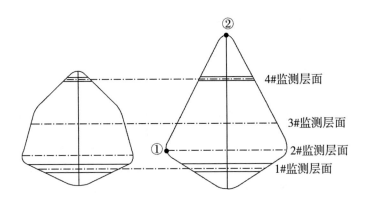

（a）监测点部位

（b）①号监测点压力

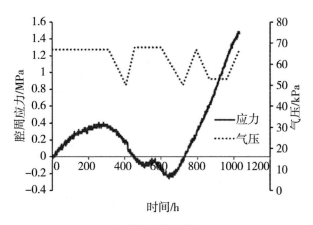

(c)②号监测点压力

图 7.26　腔周压力变化

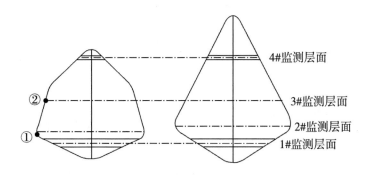

(a)监测点部位

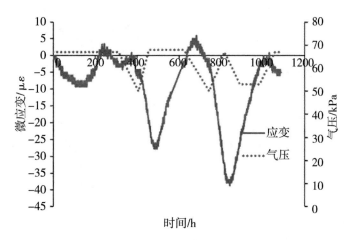

(b)①号监测点应变

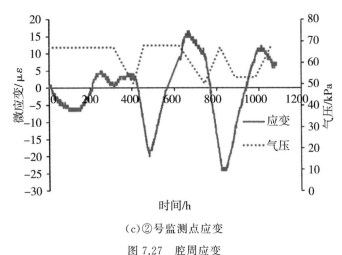

(c)②号监测点应变

图7.27 腔周应变

根据相似材料性质以及传感器的特点进行分析,得到了造成以上误差的原因:

(1)在抽出预埋成腔布置的模具瓣时,会带出少许材料,使得部分腔壁粗糙。在验收试验以及单循环试验中,粗糙的腔壁对于试验数据影响较小。但随着试验的进行,腔内气球随着注采气膨胀收缩,可能会造成腔壁材料进一步脱落,致使离腔壁较近的传感器数据产生误差。

(2)模型试验的相似比较大,相似材料本身的抗压强度较小,材料性质较软。在相似材料配置研制过程中,只进行了破坏试验。为区别于以往简单注采循环试验,全周期注采试验的注采频率较高,气体对周围材料施加了循环荷载,且试验时间较长,部分材料可能已经丧失相似材料所具有的力学性质以及蠕变特性,使得应力应变产生误差。

(3)多点位移计主要通过埋入材料中的小爪移动监测位移,为保证监测的准确,埋入时尽量贴近腔壁,但随着腔壁材料脱落,多点位移计的小爪可能随之脱落,而且腔壁附近材料松散致使小爪无法锚紧,也会导致多点位移计数据产生较大误差。在全周期注采运行过程中,注采速率相对较小,位移变化范围小于多点位移计的变化精度,因而数据呈现阶梯形变化。

(4)所运用的电阻传感器零漂较大,全周期注采试验总时间远远超过以往模型试验,需要保证试验的连续性,因此传感器误差会逐渐积累,造成数据异常。

(5)在长时间连续试验过程中,难免会发生各种突发意外,比如在试验过程中发生停电的情况,也会影响试验的准确性。

针对以上原因,提出以下几点建议,为今后类似试验提供参考:

(1)在埋设木模之前,在模具表面包裹一层塑料薄膜,可以有效避免拔模造成的腔壁材料脱落。

(2)在相似材料配置时,应考虑到循环荷载对相似材料的力学性质以及蠕变特性造成的影响。

（3）在未来试验中，尽量使用光纤应变计代替电阻应变计，而且应尽量保证试验环境的完善，避免意外的发生。

7.4　本章小结

本章主要介绍了试验步骤，并完成了传感器埋设及地应力加载。利用盐穴储气库全周期注采运行监测与评估模拟试验系统进行了模型试验，主要得出以下结论：

（1）在单循环注采工况下，采气过程中径向变形显著增加，应力呈增加趋势；恒压过程中由于蠕变特性，腔体周边变形缓慢增大。腔体腰部变形较大，且腔顶出现应力集中趋势。在金坛储气库实际运行压力工况下，频繁注采会使得盐腔变形速率增大，在两次采气之间缺少稳压阶段会造成矿柱持续变形。在后期运行过程中应避免无序的频繁注采，尽量在两次连续采气之间加入一定的稳压阶段。

（2）在全周期注采运行试验中，多点位移计、应变传感器以及光纤压力盒的数据出现了较大误差。通过试验过程中的总结，得出了出现误差的原因并提出了相应的解决建议，为今后类似试验提供了参考。

参考文献

[1] 张强勇，段抗，向文，等. 极端风险因素影响的深部层状盐岩地下储气库群运营稳定三维流变模型试验研究[J]. 岩石力学与工程学报，2012，31(9)：1766-1775.

[2] 刘德军. 盐岩地下储气库注采气压变化的三维地质力学模型试验与数值计算分析研究[D]. 济南：山东大学，2010.

[3] 王粟. 金坛盐穴储气库全周期注采运营稳定性研究[D]. 济南：山东大学，2018.

8 盐岩力学特性与盐腔矿柱稳定性评价方法

盐岩不同于其他脆性岩体,其三轴压缩破坏形式为体积膨胀破坏。在盐穴储气库溶腔建库和储气运行期间,由于地应力、卤水压力及腔内气压的共同作用,盐岩矿柱可能发生扩容破坏,导致矿柱渗透性增大,甚至发生蠕变破坏。本章通过金坛地区盐岩的单轴、三轴压缩试验和蠕变试验,分析盐岩扩容破坏规律,并得到盐岩的扩容界限方程,进而为盐穴储气库矿柱稳定性分析提供理论依据[1]。

8.1 盐岩力学试验概述

8.1.1 试验设备

盐岩的单轴、三轴压缩试验均采用美国 MTS 公司生产的 MTS 815 型压力试验机,如图 8.1 所示。该试验设备配有全程计算机控制的伺服三轴加压和测量系统,可得到盐岩单轴、三轴应力应变全过程曲线。该试验机由以下三部分组成:

(1)加载部分:由液压源、反力架、三轴室、作动器、伺服阀等组成。可提供 4600 kN 的垂直压力,垂直活塞行程为 100 mm,最大围压为 140 MPa,试验框架整体刚度为 11.0×10^9 N/m。

(2)测试部分:由位移、应变、载荷、压力等传感器组成。

(3)控制部分:由计算机控制系统、数据采集器、反馈控制系统组成。

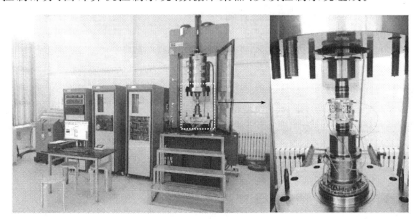

图 8.1　MTS 815 压力试验机

蠕变试验在中石油勘探开发研究院廊坊分院研制的盐穴储气库长期运行蠕变试验机上进行实验,如图 8.2 所示。该实验机可实现不同围压、温度下的长周期(大于 1 个月)加载,能满足本章蠕变实验的要求。

图 8.2　盐穴储气库长期运行蠕变试验机

8.1.2　试验试样

盐岩单轴、三轴压缩试验及蠕变试验试样均取自金坛某盐穴储气库所在盐层,盐岩试样一般含有少量灰褐色钙芒硝杂质。盐芯加工成圆柱形,直径为 100 mm,高度为 200 mm,满足《工程岩体试验方法标准》[2](GB/T 50266－2013)中试件高度与直径之比的规定范围为 2.0～2.5。盐岩与其他难溶岩石的试样加工方式不同,为了防止盐岩溶解对试件完整性的破坏,采用干式车床加工盐岩试件。为了避免试件在受压过程中出现偏压,试件两端采用高精度线切割方式处理,保证试件上下底面平行,试件加工过程如图 8.3 所示。加工完成的盐岩试件详细特征如表 8.1 所示。

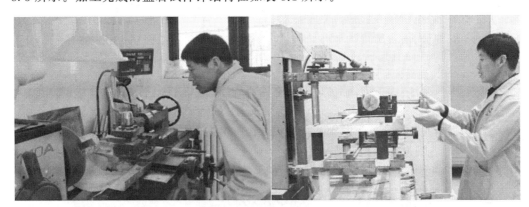

(a)车床加工　　　　　　　　　　　　(b)线切割处理

图 8.3　盐岩试件干法加工

表 8.1 盐岩试件特征及试验条件

试件编号	长度/mm	直径/mm	质量/g	密度/(kg/m³)	岩性特征	试验类别
24-28-3	198.0	96.2	3402.6	2364.3	红黑色盐岩	单轴压缩
30-41-39	199.0	96.0	3691.9	2563.1	含泥含膏盐岩	
37-43-29	200.0	95.3	3474.4	2435.4	灰色盐岩	
32-38-14	200.0	95.8	3330.4	2310.2	灰色盐岩	三轴压缩（围压 5 MPa）
32-38-17	190.0	95.4	3310.4	2437.5	灰色盐岩	
1-33-36-30	203.0	97.3	3819.4	2530.4	灰色盐岩	
29-46-44	198.0	97.2	3880.7	2641.3	含泥含膏盐岩	三轴压缩（围压 10 MPa）
35-43-18	202.0	95.5	3454.3	2387.3	灰色盐岩	
25-36-5	202.0	94.3	3472.7	2461.5	灰色盐岩	三轴压缩（围压 15 MPa）
22-46-21	199.0	94.5	3689.2	2643.2	灰黑色岩盐	
32-38-1	202.0	97.8	3998.8	2635.2	灰色盐岩	三轴压缩（围压 20 MPa）
35-43-23	200.0	95.7	3691.9	2512.3	灰色盐岩	
10-36-3-1	201.3	98.8	3754.1	2432.5	灰色盐岩	单轴蠕变
31-40-29	199.0	95.1	3705.0	2621.1	灰黑色盐岩	三轴蠕变（围压 5 MPa）
28-42-37	196.5	97.3	3767.1	2578.3	灰黑色盐岩	三轴蠕变（围压 10 MPa）
28-42-10	200.3	98.6	3823.6	2499.7	含泥含膏盐岩	三轴蠕变（围压 15 MPa）
35-43-3	200.0	97.4	3933.0	2639.3	灰色盐岩	三轴蠕变（围压 20 MPa）
28-42-32	198.2	98.2	4020.9	2678.6	灰色盐岩	三轴蠕变（围压 25 MPa）

8.2 盐岩单轴与三轴压缩试验

8.2.1 试验方法

在盐岩的单轴与三轴压缩试验中，为避免试验机自身变形造成误差，本试验将轴向变形传感器和环向变形传感器直接固定在盐岩试件上，通过变形传感器测得的绝对变形计算出试件的轴向及环向应变。试验采用应变速率控制，加载速度为 0.1 mm/min。

根据盐岩试件的截面面积和试验峰值，可以依据式(8-1)计算盐岩的单轴抗压强度。

盐岩试件的弹性模量 E 及泊松比 υ 可根据单轴压缩变形曲线的直线段计算得出,如式(8-1)和式(8-2)所示。

$$E = \frac{\Delta\sigma}{\Delta\varepsilon_1} \tag{8-1}$$

$$\upsilon = \left|\frac{\Delta\varepsilon_2}{\Delta\varepsilon_1}\right| \tag{8-2}$$

式中,$\Delta\sigma$ 为应力增量;$\Delta\varepsilon_1$ 为纵向应变增量;$\Delta\varepsilon_2$ 为横向应变增量。

8.2.2　试验结果分析

盐岩单轴、三轴压缩试验结果如表 8.2 所示,试验结果显示盐岩的峰值强度随围压增大而增大。

表 8.2　盐岩单轴、三轴压缩试验结果

试样编号	围压/MPa	峰值强度/MPa	弹性模量/MPa	泊松比
24-28-3	0	21.74	4962.70	0.3
30-41-39	0	22.10	14 536.00	0.27
37-43-29	0	19.13	7142.00	0.13
32-38-14	5	59.60	7324.63	0.15
32-38-17	5	63.12	7571.68	0.14
1-33-36-30	5	56.60	6166.97	0.14
29-46-44	10	84.38	5322.72	0.21
35-43-18	10	77.16	6611.91	0.13
25-36-5	15	101.25	10 132.17	0.03
22-46-21	15	106.62	457.33	—
32-38-1	20	108.76	8152.20	0.18
35-43-23	20	72.67	9938.00	—

图 8.4～图 8.8 为不同围压下三轴压缩试验的盐岩试件变形前后对比图及应力-应变曲线图。由图 8.4(b)可知,盐岩单轴压缩试验为剪拉破坏,由于试件盐岩颗粒较大,随着试验围压的加载,样品中含大颗粒盐岩的部位有脱落现象。由图 8.5～图 8.8 所示的试验后的试件可知,盐岩的三轴压缩试验为膨胀破坏,与拉破坏或剪切破坏不同,膨胀破坏的试件没有明显的破坏面,试件由圆柱体变成鼓形,表现出明显的膨胀扩容。盐岩试件没有明显的破坏标志,变形很大,却依然具有一定的承载力,一般是由于试验机的位移限制被迫终止试验。

通过轴向应变和环向应变计算出盐岩的体积应变(见图 8.4～图 8.8),盐岩在刚性试验机上得到的体积应变曲线呈现出两个阶段。

(1)体积压缩阶段:一般来说岩体内部都存在天然孔隙和微裂缝,试验开始后的一段时间内孔隙快速闭合,应力-应变曲线呈下凹趋势,试件体积减小。本次试验采用的盐岩试件比较致密,取芯加工对其破坏较小,故天然孔隙压密阶段并不明显。随后试件进入弹性变形阶段,曲线基本呈直线,斜率保持不变,属于弹性变形,此时轴向变形引起的试件体积缩小量大于环向变形引起的体积增大量,试件体积依然保持变小趋势。处于体积压缩阶段应力状态下的盐岩体内部结构没有遭到破坏,在长期荷载作用下,盐岩体不但不会发生蠕变破坏,而且盐岩体内的微裂隙还存在愈合的可能[3,4]。

(2)体积膨胀阶段:进入此阶段后,微裂隙开始发展,岩体内部应力集中,引起某些薄弱部位的破坏。在应力保持不变的情况下应变快速增长,应力-应变曲线趋向水平,试件的体积开始由缩小变为膨胀。处于此阶段应力状态下的试件虽然宏观上没有表现出破坏,但其内部结构已发生了破坏,若长期保持这一应力状态,微裂隙会增加并最终导致蠕变破坏[3]。随后试件的承载能力达到最大值,称为峰值强度。盐岩达到峰值强度后,随着应变不断增大承载能力会缓慢下降,微裂隙之间交叉联合形成宏观裂缝,盐岩试件体积不断膨胀,试件的承载力随之下降,但会保留部分的残留强度。

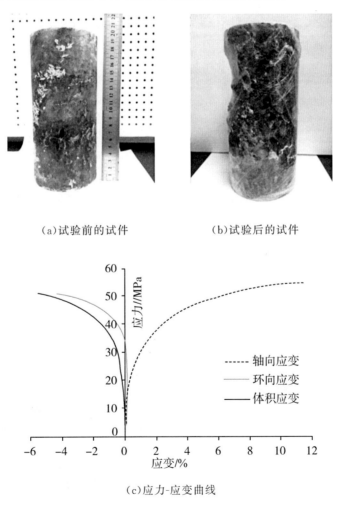

(a)试验前的试件 (b)试验后的试件

(c)应力-应变曲线

图8.4 围压0 MPa盐岩试件变形及应力-应变曲线

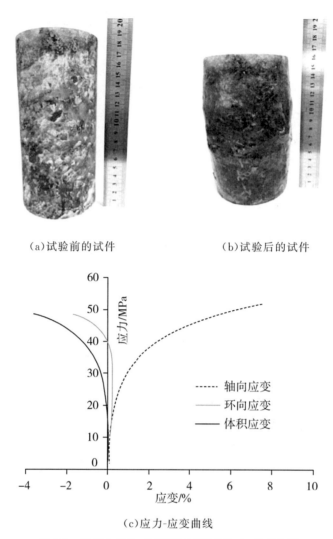

（a）试验前的试件   （b）试验后的试件

（c）应力-应变曲线

图8.5　围压5 MPa盐岩试件变形及应力-应变曲线

（a）试验前的试件   （b）试验后的试件

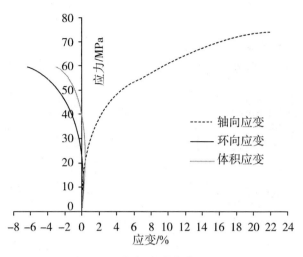

(c)应力-应变曲线

图 8.6　围压 10 MPa 盐岩试件变形及应力-应变曲线

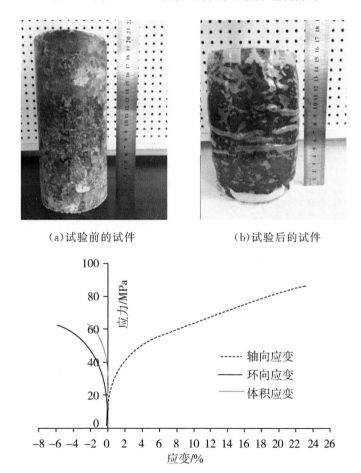

(a)试验前的试件　　　　　　　(b)试验后的试件

(c)应力-应变曲线

图 8.7　围压 15 MPa 盐岩试件变形及应力-应变曲线

（a）试验前的试件　　　　　　　　　　（b）试验后的试件

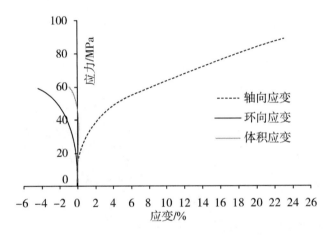

（c）应力-应变曲线

图 8.8　围压 20 MPa 盐岩试件变形及应力-应变曲线

　　盐岩三轴压缩试验体积应变曲线中试件体积压缩和膨胀的分界点称为体积膨胀点，体积膨胀点处试件所受的轴向应力称为体积膨胀应力。图 8.9 中绘制出了不同围压下盐岩的体积膨胀应力值，并拟合出了体积膨胀应力随围压变化的趋势线。由图 8.9 的趋势线可知，盐岩的三轴试验中，体积膨胀应力随围压的增大而增大。

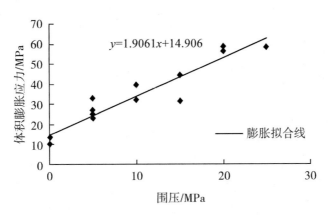

图 8.9 体积膨胀应力与围压关系拟合线

8.3 盐岩蠕变试验与长期强度

8.3.1 盐岩蠕变试验方案

盐岩蠕变试验采用多级加载方式,荷载值依次采用单轴抗压强度的 15%、30%、45% 和 60%,每级荷载加载时间为 48 h,试验在常温下进行,具体试验方案如表 8.3 所示。

表 8.3 蠕变试验方案

试件编号	围压/MPa	一级荷载/MPa	二级荷载/MPa	三级荷载/MPa	四级荷载/MPa
10-36-3-1	0	4.8	9.6	14.4	19.2
31-40-29	5	8.4	16.8	25.2	33.6
28-42-37	10	10.5	21.0	31.5	42.0
28-42-10	15	13.2	26.4	39.6	52.8
35-43-3	20	13.3	26.6	39.9	53.2
28-42-32	25	14.1	28.2	42.3	56.4

8.3.2 蠕变试验结果

不同围压下,盐岩蠕变试验可得到图 8.10～图 8.15 所示的蠕变曲线。为探究盐岩的体积膨胀应力与长期强度的关系,通过等时曲线法[5-8]求不同围压下盐岩的长期强度。等时曲线是指各级荷载施加后相同时间点对应的应力与应变关系曲线,如图 8.10～图 8.15 所示。各等时曲线拐点连线的水平渐近线所对应的应力值为试件的长期强度,这种确定长期强度的方法称为等时曲线法。由于本章试验中每级荷载作用时间过短,部分等时曲线屈服点处于同一位置,故选择屈服点对应的应力值作为长期强度值。

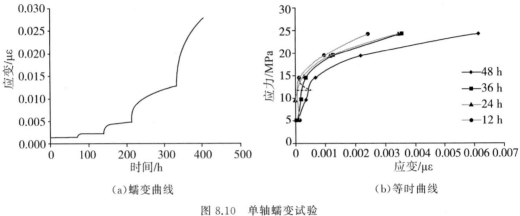

（a）蠕变曲线　　　　　　　　　　（b）等时曲线

图 8.10　单轴蠕变试验

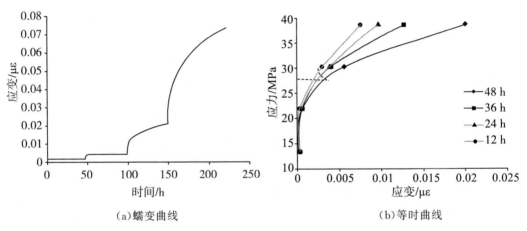

（a）蠕变曲线　　　　　　　　　　（b）等时曲线

图 8.11　围压 5 MPa 三轴蠕变试验

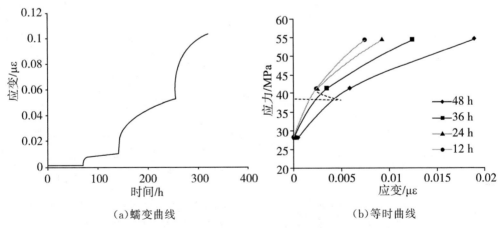

（a）蠕变曲线　　　　　　　　　　（b）等时曲线

图 8.12　围压 10 MPa 三轴蠕变试验

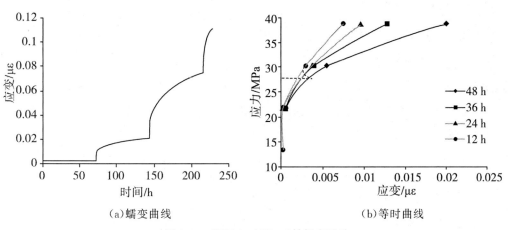

(a)蠕变曲线　　　　　　　　　(b)等时曲线

图 8.13　围压 15 MPa 三轴蠕变试验

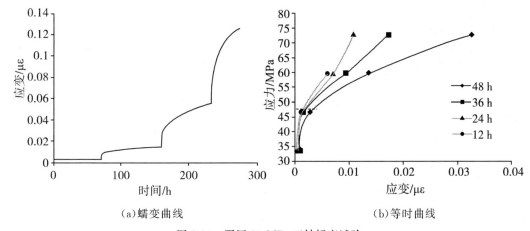

(a)蠕变曲线　　　　　　　　　(b)等时曲线

图 8.14　围压 20 MPa 三轴蠕变试验

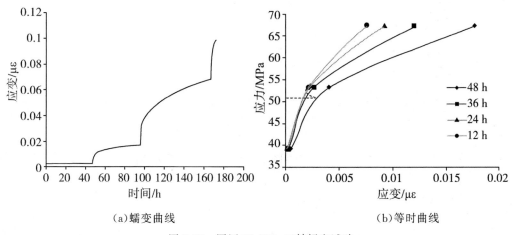

(a)蠕变曲线　　　　　　　　　(b)等时曲线

图 8.15　围压 25 MPa 三轴蠕变试验

8.3.3 盐岩长期强度

表 8.4 为根据等时曲线法得到的不同围压下盐岩的长期强度,将其与不同围压下盐岩体积膨胀应力对比,发现相同围压下两者大小相差不大,且具有相同的变化趋势,长期强度与体积膨胀应力的关系如图 8.16 所示。图 8.16 表明处于体积膨胀阶段的试件,内部结构已经受到破坏。若长期处于此应力状态,将会导致岩体发生蠕变破坏;反之,岩体不会发生蠕变破坏。

表 8.4 不同围压下盐岩的长期强度

试件编号	围压/MPa	长期强度/MPa
10-36-3-1	0	12.0
31-40-29	5	27.5
28-42-37	10	30.0
28-42-10	15	38.5
35-43-3	20	43.0
28-42-32	25	51.0

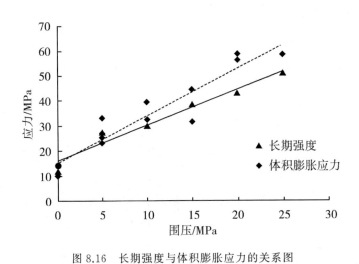

图 8.16 长期强度与体积膨胀应力的关系图

8.4 盐岩膨胀扩容准则与评价方法

8.4.1 盐岩膨胀扩容准则

正如本章盐岩三轴压缩试验结果所呈现的,试件在压缩过程中微裂隙扩展时体积发生膨胀,这种现象称为扩容。在盐穴储气库中,扩容现象会造成储气库腔壁渗透性增大,从而引起储气库气体泄漏[9-13]。

　　盐岩的扩容现象与其内部应力状态(平均应力与八面体剪应力)有关[12-14],即应力状态可分为扩容区和非扩容区,两者的临界应力状态称为扩容界限,可表示为平均应力和八面体剪应力组成的坐标系中的一条曲线。体积应变曲线由增大到减小的转折点的应力状态就是扩容界限上的一点,如图8.4~图8.8所示。盐岩矿柱应力状态处于非扩容区时,岩体内原生结构面或微裂隙会慢慢闭合,岩体被压密,体积缩小。在这种应力状态下,盐岩的完整性和稳定性不会受到任何损害。当盐岩的应力状态大于扩容界限且小于短期失效强度时,岩体不会被立即破坏,但一定时间内微裂隙会逐渐增加,并导致岩体的蠕变破坏;当盐岩的应力状态小于扩容界限时,盐岩在蠕变试验中不会发生最终破坏。盐岩的扩容界限只与自身性质有关,可以根据三轴试验体积膨胀点的应力状态拟合出扩容界限方程。

　　岩体的扩容界限方程可以用平均应力以及八面体剪应力表示,国内外学者[15]做了大量研究,目前比较通用的扩容界限方程是$\sqrt{J_2}=0.27I_1$,其中I_1为应力张量第一不变量,J_2为应力偏量第二不变量。但是由于各地区盐岩的性质存在差异,此方程的精确性受到一定的限制。根据金坛地区盐岩试件三轴压缩试验体积应变转折点的应力状态,拟合出扩容界限方程,如式(8-3)所示。

$$\sqrt{J_2}=aI_1+b \tag{8-3}$$

式中,a、b与盐岩自身性质有关。

　　两应力不变量如式(8-4)和(8-5)所示。

$$\sqrt{J_2}=\sqrt{\frac{(\sigma_1-\sigma_2)^2+(\sigma_2-\sigma_3)^2+(\sigma_1-\sigma_3)^2}{6}} \tag{8-4}$$

$$I_1=3\sigma_m=\sigma_1+\sigma_2+\sigma_3 \tag{8-5}$$

式中,σ_m为平均应力;σ_1、σ_2、σ_3分别为第一主应力、第二主应力、第三主应力。

　　通过拟合得到与本节试验盐岩相匹配的参数,$a=0.1452$,$b=6.0157$,由此可得扩容界限方程为$\sqrt{J_2}=0.1452I_1+6.0157$,如图8.17所示。该方程将被作为该地区盐穴储气库矿柱稳定性判别的重要依据。

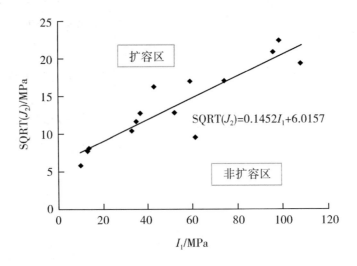

图 8.17　扩容界限方程拟合

8.4.2　盐岩膨胀扩容评价方法

原岩中自身含有许多微裂隙,在开始受力阶段,盐岩中的微裂缝渐渐闭合,随着受力渐渐变大,盐岩的体积膨胀曲线由增大变为逐渐减小,此时盐岩中产生了新的微裂隙(虚线处),盐岩试件体积开始进入膨胀扩容阶段,如图 8.18 所示。出现膨胀扩容现象后,试件并不会马上被破坏,但微裂隙的增加会导致渗透率增加,加剧盐岩蠕变破坏,还会影响储气库的密闭性。盐岩膨胀扩容主要与盐岩自身性质有关。

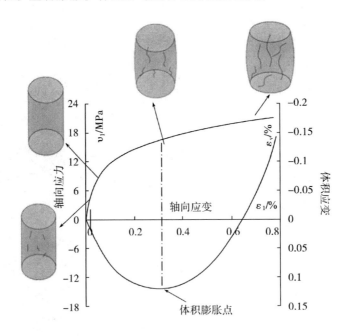

图 8.18　体积膨胀点确定

盐岩的体积膨胀扩容准则是保证储气库运行稳定性的重要标准,被广泛应用于盐穴储气库的安全性评价。基于第 8.4.1 节,可得到更加精确的膨胀扩容判别标准[16],即

$$SF_{vs} = \frac{a \cdot I_1 + b}{\sqrt{J_2}} \tag{8-6}$$

式中,SF_{vs} 表示基于盐岩膨胀扩容的安全系数,当 $SF_{vs} < 1$ 时表明该区域发生了膨胀扩容。

8.5 盐腔矿柱稳定性评价方法

在盐岩的三轴压缩试验中,盐岩破坏时试件没有明显的破坏面,试件由圆柱体变成鼓形,变形很大但依然具有一定的承载力,属于膨胀扩容破坏。对于盐穴储气库而言,预留矿柱宽度过大会减损盐穴储气体积,矿柱宽度过小将危害盐穴储气库的安全,因此矿柱宽度的设计对盐穴储气库而言十分重要。本节基于盐岩矿柱膨胀破坏模式,借鉴国外干盐矿矿柱应力计算经验,以扩容界限为矿柱破坏判别标准,分别建立双腔模型和群腔模型的矿柱稳定性评价方法。

8.5.1 盐腔矿柱破坏模式

由于地下盐岩矿的开采,应力重分布导致矿柱内力增大,当矿柱荷载超过一定限值时矿柱将发生破坏,其主要破坏形式有矿柱表面脱落、剪切破坏和膨胀破坏[17]。图 8.19(a)表示由于拉破坏造成的矿柱表面脱落,图 8.19(b)表示含地质结构面的矿柱或宽高比较小造成矿柱的剪切破坏,图 8.19(c)表示矿柱横向膨胀或鼓形破坏。在盐穴储气库溶腔建库和储气运行期间,盐岩矿柱在地应力、卤水压力及腔内气压的共同作用下,其破坏形式与盐岩三轴压缩试验试件的破坏形式类似,属于膨胀扩容破坏。

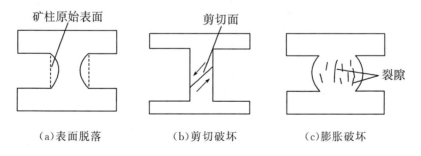

(a)表面脱落   (b)剪切破坏   (c)膨胀破坏

图 8.19　矿柱主要破坏模式示意图

8.5.2 盐腔矿柱破坏机理

在盐穴储气库群进行水溶造腔前,上覆岩层的荷载由原状盐层承担;腔体形成后,盐层在水平方向上被盐穴打断,在两个或多个盐穴之间的盐岩形成盐柱。由于采空区本身

不能提供对覆盖层的支撑,盐岩矿柱必须直接承受矿柱上方岩层的重量。理论上,矿柱所承受的竖向荷载与地下盐穴的采空区面积有关,采空区面积越大,矿柱所承受的荷载越大。在盐穴储气库溶腔建库和储气运行期间,矿柱的水平荷载由地应力、卤水压力及腔内气压共同提供。

盐岩矿柱在竖向荷载和水平荷载的共同作用下,处于三轴压缩状态。根据盐岩的三轴试验得出的膨胀扩容理论,若矿柱整体应力状态处于非扩容区,矿柱整体稳定性不会受到损害,甚至矿柱内的原生裂隙还有可能愈合[4],矿柱围岩气密性得到改善。随着腔内气压等条件的变化,当矿柱整体应力状态处于扩容区时,矿柱会发生扩容破坏,引起矿柱渗透性增大,甚至导致蠕变破坏,无法保证储气库长期运营的安全性。

8.5.3 双腔模型

研究两个盐腔之间的矿柱稳定性时,可简化成平面应变问题,选取矿柱最小宽度所在平面作为计算平面,两盐腔看作有特定的大小、形状和间距的隧道,正交方向上矿柱看作无限长的盐墙,这一简化使计算结果偏保守。双腔模型的矿柱稳定性评价方法具体步骤如下:

8.5.3.1 平均垂直应力计算

矿柱承受的外部荷载可分为垂直应力和水平应力,如图 8.20 所示。地下盐矿的开采引起矿柱及相邻未开采区域应力重分布,对于作用在矿柱上的垂直应力,一般采用矿柱的面积承载理论来计算。该理论认为矿柱的平均垂直应力等于储气库群顶板范围内的上覆岩体自重除以矿柱的承载面积。此外,矿柱的垂直应力也会因建库阶段盐腔内的卤水压力和储气阶段气体压力的存在而减小。因此,矿柱的平均垂直应力可通过式(8-7)求得。

$$\bar{\sigma}_v = \sigma_0(1+\frac{D}{W}) - P \cdot \frac{D}{W} \tag{8-7}$$

式中,$\bar{\sigma}_v$ 为矿柱平均垂直应力;σ_0 为开挖前垂直应力;D 为盐腔的直径;W 为矿柱宽度;P 为盐腔内压。

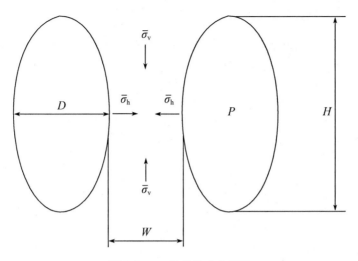

图 8.20 二维矿柱应力模型

矿柱的平均垂直应力值主要由盐岩的采出率决定,由于该公式假设盐穴顶板范围内的所有上覆岩体自重都由矿柱承担,因此计算的应力结果比实际值大。但使用该方法评价矿柱稳定性更安全,且其公式简单易行,这种计算矿柱垂直应力的方法在国内外已得到广泛的应用[18,19]。

8.5.3.2 平均水平应力计算

矿柱的形状(按其宽度与高度的比值所定义)对柱中水平应力有很大的影响。在极端条件下,细高的矿柱内部几乎没有水平应力,而短粗的矿柱内部会产生相对较大的水平应力。相比垂直应力会对矿柱的稳定产生不利影响,水平应力通常可以提高矿柱的稳定性。矿柱内部的水平应力对矿柱提供约束,使得岩柱更加坚固。平面内矿柱平均水平应力 $\bar{\sigma}_h$ 大小取决于矿柱宽高比(W/H)以及腔内压力,$W/H < 5$ 时式(8-8)适用[20]。

$$\bar{\sigma}_h = P + \bar{\sigma}_v \left(0.1 \cdot \frac{W}{H} \right) \tag{8-8}$$

图 8.20 中正交方向矿柱平均水平应力可根据平面应变定义求得。根据平面应变方法的基本假设,正交方向矿柱的应变为零,即该方向的偏应力为零。

$$\bar{\sigma}_H - \sigma_m = 0 \tag{8-9}$$

式中,$\bar{\sigma}_H$ 为正交方向矿柱平均水平应力;σ_m 为平均应力,其值可通过式(8-10)求得。

$$\sigma_m = \frac{(\bar{\sigma}_H + \bar{\sigma}_h + \bar{\sigma}_v)}{3} \tag{8-10}$$

由式(8-9)、式(8-10)可得:

$$\bar{\sigma}_H = \frac{(\bar{\sigma}_v + \bar{\sigma}_h)}{2} \tag{8-11}$$

8.5.3.3 安全系数计算

根据前两步求出的一个垂直应力和两个水平应力，求出应力张量第一不变量 I_1 和应力偏量第二不变量的开方 $\sqrt{J_2}$。

$$I_1 = 3\sigma_m = \frac{3(\bar{\sigma}_h + \bar{\sigma}_v)}{2} \tag{8-12}$$

$$\sqrt{J_2} = \sqrt{\frac{(\bar{\sigma}_H - \bar{\sigma}_h)^2 + (\bar{\sigma}_H - \bar{\sigma}_v)^2 + (\bar{\sigma}_h - \bar{\sigma}_v)^2}{6}} \tag{8-13}$$

将应力张量第一不变量代入扩容界限方程，得到应力偏量第二不变量开方的扩容界限值 $\sqrt{J_{2\,dil}}$，即

$$\sqrt{J_{2\,dil}} = aI_1 + b \tag{8-14}$$

则矿柱的安全系数 K 可表示为

$$K = \frac{\sqrt{J_{2\,dil}}}{\sqrt{J_2}} \tag{8-15}$$

通过安全系数可判断矿柱的整体稳定性，当 $K < 1$ 时，矿柱发生体积扩容破坏。

8.5.4 群腔模型

上述二维矿柱应力计算方法对于盐腔群所形成的矿柱并不适应，为了计算群腔矿柱应力，在平面问题的基础上发展出了三维矿柱应力计算方法[21]。该方法将群腔矿柱问题简化为轴对称问题，采用与二维矿柱应力计算方法类似的原理在极坐标中求解矿柱应力。三维矿柱应力求解方法需要描述矿柱的高度与宽度，根据盐岩的采出率和腔内压力，计算出矿柱的平均垂直应力和水平应力，具体步骤如下：

8.5.4.1 确定矿柱等效计算面积

三维矿柱应力模型如图 8.21 所示，首先画出盐穴群腔的内切圆形矿柱（简称"内圆"），保证至少有三点与周围的盐腔相切，并测量出内圆直径，记为 W。从内圆圆心分别向三个盐腔的两侧作切线测量出每个盐腔所对应的两条射线之间的夹角度数，记这三个夹角分别为 β_1、β_2、β_3，三个夹角的和为 $\beta = \beta_1 + \beta_2 + \beta_3$，并计算出 $\gamma = \beta/360$。以内圆圆心为圆心画外圆，使其尽量多的通过射线与盐腔的切点，外圆直径记为 W_0。图 8.21 中深灰色区域即矿柱的理论计算面积。

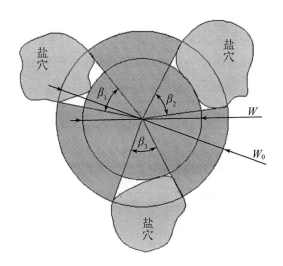

图 8.21 三维矿柱应力模型

8.5.4.2 矿柱应力计算

盐腔形成过程中发生应力重分布,假设外圆范围内的应力全部转移到水溶造腔后残留的矿柱部分,外圆范围内的盐腔内压会承担一部分垂直应力,导致矿柱内垂直应力减小。径向水平应力来源包括原始地应力和腔内压力,切向水平应力由矿柱的宽高比决定。根据与二维模型中应力求解相同的原理,求解三个方向的应力。

$$\overline{\sigma}_v = \sigma_0 \cdot \frac{A_T}{A_P} - P \cdot \frac{A_{CAV}}{A_P}$$

$$= \sigma_0 \cdot \frac{W_0^2}{W_0^2 - \gamma(W_0^2 - W^2)} - P \cdot \frac{\gamma(W_0^2 - W^2)}{W^2 - \gamma(W_0^2 - W^2)}$$

$$= \frac{\sigma_0 - P\gamma\left[1 - \left(\dfrac{W}{W_0}\right)^2\right]}{1 - \gamma\left[1 - \left(\dfrac{W}{W_0}\right)^2\right]} \tag{8-16}$$

$$\overline{\sigma}_r = \gamma\left(P + 0.1\overline{\sigma}_v \cdot \frac{W}{H}\right) + (1 - \gamma)\sigma_0 \tag{8-17}$$

$$\overline{\sigma}_\theta = 0.1\overline{\sigma}_v \cdot \frac{W}{H} \tag{8-18}$$

式中,P 为腔内压力;H 为矿柱高度;W 为内圆直径,当 $W/H<5$ 时公式适用[20];A_P 为矿柱计算面积;W_0 为外圆直径;A_T 为外圆面积;A_{CAV} 为两圆之间圆环所包括的洞室面积;σ_0 为原始地应力;$\overline{\sigma}_v$ 为矿柱平均垂直应力;$\overline{\sigma}_r$ 为矿柱平均径向应力;$\overline{\sigma}_\theta$ 为矿柱平均切向应力;$\gamma = \beta/360$,其中 β 为内圆圈心向三个盐腔所作射线夹角之和,即 $\beta = \beta_1 + \beta_2 + \beta_3$。

8.5.4.3 安全系数计算

与双腔模型类似,根据在极坐标系下求得的三个主应力,计算出两个用于量化稳定性的应力不变量。

$$\sqrt{J_2} = \sqrt{\frac{(\bar{\sigma}_v - \bar{\sigma}_r)^2 + (\bar{\sigma}_r - \bar{\sigma}_\theta)^2 + (\bar{\sigma}_\theta - \bar{\sigma}_v)^2}{6}} \tag{8-19}$$

$$I_1 = \bar{\sigma}_v + \bar{\sigma}_r + \bar{\sigma}_\theta \tag{8-20}$$

然后,将应力张量第一不变量代入扩容界限方程,得到应力偏量第二不变量开方的扩容界限值:

$$\sqrt{J_{2\,\text{dil}}} = aI_1 + b \tag{8-21}$$

此时,矿柱的安全系数可表示为

$$K = \frac{\sqrt{J_{2\,\text{dil}}}}{\sqrt{J_2}} \tag{8-22}$$

通过安全系数可判断矿柱的整体稳定性,当 $K < 1$ 时,矿柱发生体积扩容破坏。

8.6 本章小结

本章在金坛地区盐岩单轴、三轴压缩及蠕变试验的基础上,拟合出了符合该地区盐岩特性的扩容界限方程,通过对盐岩矿柱破坏模式和机理的研究,建立了双腔模型和群腔模型下的矿柱稳定性评价方法。

(1)通过盐岩的单轴、三轴压缩试验,分析了单轴、三轴试验的试件破坏形式,发现盐岩的单轴压缩试验试件破坏形式为剪拉破坏,样品中含大颗粒盐岩的部位有脱落现象。盐岩的三轴压缩试验为膨胀破坏,试件由圆柱体变成鼓形,没有明显的破坏面,表现出膨胀扩容。试验得到了盐岩的基本力学参数,并得到不同围压下的体积膨胀应力,发现盐岩体积膨胀应力随围压增大而增大。

(2)通过盐岩的三轴蠕变试验,求得了不同围压下盐岩的长期强度,发现相同围压下盐岩的体积膨胀应力与长期强度的应力值相差不大,且不同围压下的变化趋势相同。由此推断当盐岩处于体积膨胀阶段时,内部结构已经受到破坏。若长期处于此应力状态,将会导致蠕变破坏;反之,岩体不会发生蠕变破坏。

(3)根据盐岩不同围压下的三轴压缩试验膨胀点的应力状态,拟合出了适合本试验中盐岩的线性扩容界限方程 $\sqrt{J_2} = 0.1452I_1 + 6.0157$,可作为金坛地区盐穴储气库矿柱稳定性判别的重要依据。

(4)在盐穴储气库溶腔建库和储气运行期间,盐岩矿柱在地应力、卤水压力及腔内气压的共同作用下,其破坏形式与盐岩三轴压缩试验试件的破坏形式类似,属于膨胀扩容破坏。当盐岩矿柱整体应力状态处于非扩容区时,矿柱整体稳定性不会受到损害。当矿柱整体应力状态处于扩容区时,矿柱会发生扩容破坏,致使矿柱渗透性增大,甚至导致蠕变破坏。

(5)基于盐岩矿柱膨胀破坏机理,借鉴国外盐矿矿柱应力计算经验,以扩容界限为矿柱破坏判别标准,建立了双腔模型和群腔模型下的矿柱稳定性评价理论方法。在双腔模型下,将矿柱稳定性问题简化成平面应变问题,选取矿柱最小宽度所在平面作为计算平面。根据面积承载理论求出三个方向的应力 $\bar{\sigma}_H$、$\bar{\sigma}_h$、$\bar{\sigma}_v$,根据扩容界限方程计算出矿柱的安全系数 $K = \dfrac{\sqrt{J_{2\,dil}}}{\sqrt{J_2}}$。当 K 小于 1 时,矿柱发生体积膨胀破坏。在群腔模型下,采用极坐标系,根据面积承载理论求出三个方向的应力 $\bar{\sigma}_v$、$\bar{\sigma}_r$、$\bar{\sigma}_\theta$,根据扩容界限方程计算出矿柱的安全系数 $K = \dfrac{\sqrt{J_{2\,dil}}}{\sqrt{J_2}}$。当 K 小于 1 时,矿柱发生体积膨胀破坏。

参考文献

[1] 李正杰.深部盐岩储气库矿柱稳定性分析及应用[D]. 济南:山东大学, 2018.

[2] 中华人民共和国住房和城乡建设部. GB/T 50266-2013 工程岩体试验方法标准[S]. 北京:中国计划出版社, 2013.

[3] EICKEMEIER R, HEUSERMANN S, PAAR W A. Hengelo brine field: "Fe analysis of stability and integrity of inline pillars"[C]. Spring 2005 Technical Meeting Syracuse, America, 2005

[4] 陈结. 含夹层盐穴建腔期围岩损伤灾变诱发机理及减灾原理研究[D]. 重庆:重庆大学, 2012.

[5] 沈明荣, 谌洪菊. 红砂岩长期强度特性的试验研究[J]. 岩土力学, 2011, 32(11): 3301-3305.

[6] HELAL H, HOMAND-ETIENNE F, JOSIEN J P. Validity of uniaxial compression tests for indirect determination of long term strength of rocks [J]. International Journal of Mining and Geological Engineering, 1988, 6(3): 249-257.

[7] 沈明荣, 谌洪菊, 张清照. 基于蠕变试验的结构面长期强度确定方法[J]. 岩石力学与工程学报, 2012, 31(1): 1-7.

[8] 杨晓杰, 彭涛, 李桂刚, 等. 云冈石窟立柱岩体长期强度研究[J]. 岩石力学与工程学报, 2009, 28(S2): 3402-3408.

[9] COSENZA P, GHOREYCHI M, BAZARGAN-SABET B, et al. In situ rock salt permeability measurement for long term safety assessment of storage [J]. International Journal of Rock Mechanics and Mining Sciences, 1999, 36(4): 509-526.

[10] 阎良平. 含夹层盐岩储库围岩扩容及变形性分析[D]. 廊坊:河北工业大学, 2010.

[11] 陈剑文, 杨春和, 郭印同. 基于盐岩压缩-扩容边界理论的盐岩储气库密闭性分析研究[J]. 岩石力学与工程学报, 2009, 28(S2): 3302-3308.

[12] 马洪岭. 超深地层盐岩地下储气库可行性研究[D]. 北京:中国科学院大学;中国科学院研究生院, 2010.

[13] 王新胜. 盐岩储气库运营期稳定性研究[D]. 重庆:重庆大学, 2009.

[14] POPP T, KERN H, SCHULZE O. Evolution of dilatancy and permeability in

rock salt during hydrostatic compaction and triaxial deformation［J］. Journal of Geophysical Research：Solid Earth，2001，106(B3)：4061-4078.

［15］DEVRIES K L，MELLEGARD K D，CALLAHAN G D. Laboratory testing in support of a bedded salt failure criterion［C］. Kansas，Rapid City：2004.

［16］DEVRIES K L，MELLEGARD K D，CALLAHAN G D，et al. Cavern roof stability for natural gas storage in bedded salt［R］. United States：United States Department of Energy National Energy Technology Laboratory，2005.

［17］尹升华，吴爱祥，李希雯. 矿柱稳定性影响因素敏感性正交极差分析［J］. 煤炭学报，2012，37(S1)：48-52.

［18］宋卫东，曹帅，付建新，等. 矿柱稳定性影响因素敏感性分析及其应用研究［J］. 岩土力学，2014，35(S1)：271-277.

［19］姚高辉，吴爱祥，王贻明，等. 破碎围岩条件下采场留存矿柱稳定性分析［J］. 北京科技大学学报，2011，33(4)：400-405.

［20］VAN SAMBEEK L L. Salt pillar design equation［C］. Rapid City，Penn State University：Trans Tech Publications，1998.

［21］VAN SAMBEEK L L. An approach to sizing closely spaced caverns based on pillar stresses［R］. Rapid City，South Dakota，US，2004.

9 单循环与全周期注采运行盐穴储库数值模拟对比分析

通过第 7 章的地质力学模型试验分析,得到了储气库单循环注采及全周期注采运行工况下的受力与变形规律。本章主要通过有限差分软件 FLAC³ᴰ 来模拟金坛储气库近七年的注采工况,进一步得到各因素对储气库稳定性的影响,同时结合模型试验结果对金坛储气库进行稳定性判断。

9.1 FLAC³ᴰ 计算模型与计算参数

FLAC³ᴰ 提供的蠕变计算模型可以较好地模拟材料的蠕变特性,其中包括经典黏弹性模型(Viscous Model)、伯格蠕变模型(Burger Model)、Power 模型(Power Model)、WIPP 模型(WIPP Model)[1]。

通过对该地区盐岩与泥岩进行蠕变试验,可得到盐岩变形与时间的关系。盐岩在三轴蠕变试验中,主要经过瞬态蠕变、稳态蠕变、加速蠕变[2-5]。本节调用 FLAC³ᴰ 中的 Power 模型进行研究。Power 模型常用于盐岩蠕变研究,模型标准形式为

$$\varepsilon'_{cr} = A\,\bar{\sigma}^{n} \tag{9-1}$$

式中,ε'_{cr} 为盐岩的蠕变率;A 和 n 为蠕变参数;$\bar{\sigma}$ 为平均应力。

根据现场声呐测量得到盐腔形状,采用数值模拟软件完成数值建模,并进行网格剖分(见图 9.1)。

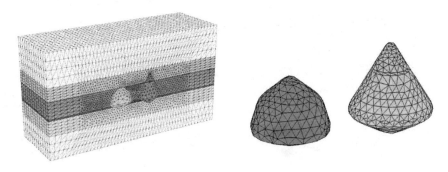

(a)模型网格图　　　　　　　　　　(b)盐腔网格图

图 9.1　计算模型网格图

根据现场地质数据以及蠕变试验结果,可得到数值模拟所需的力学参数(见表 9.1)。

表 9.1 数值模拟力学参数

岩石类型	重度/(kN/m)	弹性模量/GPa	泊松比	黏聚力/MPa	内摩擦角/°	抗压强度/MPa	抗拉强度/MPa	A/(Pa^{-n}/d)	n
盐岩	23	18	0.3	1	35	1	19	1×10^{-29}	3.5
夹层	23.2	8	0.25	1	26	1	22	1×10^{-30}	3.5
泥岩	24	10	0.2	1.5	24	1.5	29	1×10^{-30}	3.5

9.2 单循环注采数值模拟验证

采取单循环注采运行工况进行数值模拟分析,分析结果根据相似比进行折减后再与模型试验结果进行对比,以此验证试验流程控制的准确性。

9.2.1 矿柱位移数值模拟对比

选取四个监测层面的矿柱,对其位移进行分析,并与模型试验实测值进行对比,二者均总体呈上升趋势。在采气阶段,模型试验中的位移变化相比于数值模拟位移变化略微滞后,数值模拟结果在稳压阶段基本不变,位移变化规律与模型试验结果基本吻合,且位移量接近,因此可作为其他传感器的比对标准(见图 9.2)。

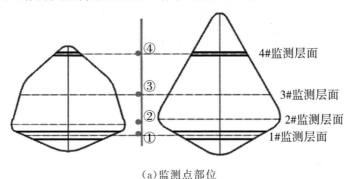

(a)监测点部位

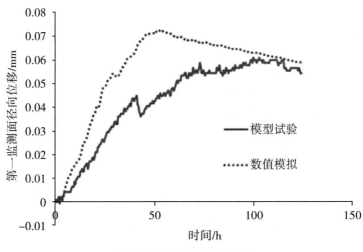

(b)①号监测点位移结果对比

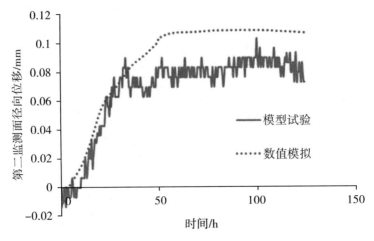

(c)②号监测点位移结果对比

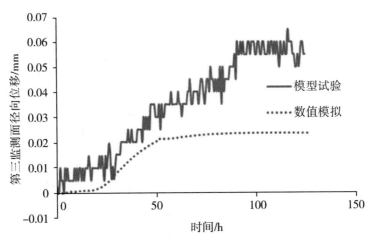

(d)③号监测点位移结果对比

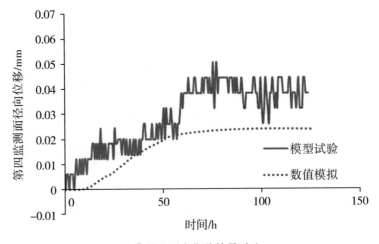

(e)④号监测点位移结果对比

图9.2　矿柱位移数值模拟与物理模拟对比

9.2.2 腔周应力应变及位移数值模拟分析与对比

选取数值模拟中腔周应力应变及位移数据与光纤压力盒、应变块、多点位移计采集数据对比分析,两者的变化规律基本相似,传感器监测的数据略微滞后,但总体趋势与数值模拟结果相同,如图 9.3、图 9.4 和图 9.5 所示。多点位移计监测数值与数值模拟略有偏差,可能是多点位移计与气囊接触变形所致。

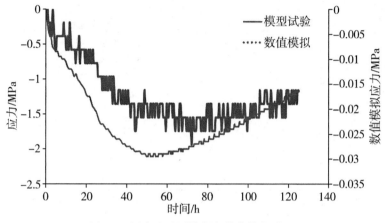

图 9.3 压力盒监测数据与数值模拟对比

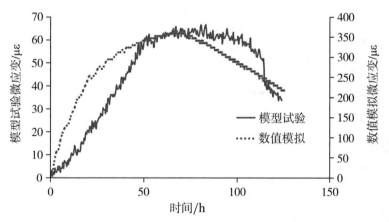

图 9.4 应变块监测数据与数值模拟对比

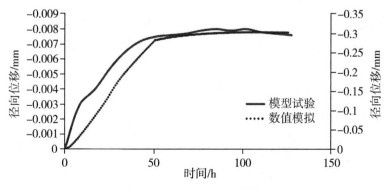

图 9.5 多点位移计监测数据与数值模拟对比

9.3 全周期注采运行数值模拟分析

根据现场 1050 m 实测垂直地应力为 25 MPa,而试验得出模型上覆垂直地应力为 20 MPa。选取金坛储气库西 1、西 2 腔近七年的注采简化数据进行运行模拟(见图 9.6),其中包含恒定高压运行、恒定低压运行、采气降压与注气升压四种工况。

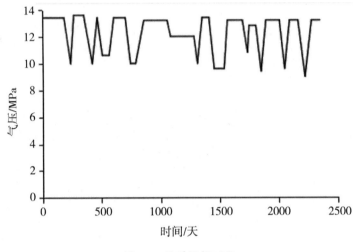

图 9.6 注采运行工况

根据盐腔的几何分布以及实际注采运行工况,可知决定该盐穴储气库稳定性的因素主要有盐岩自身性质、矿柱的稳定性、腔内气压的上下限以及采气降压速率。

9.3.1 基于盐岩膨胀扩容储气库安全评估方法

利用 FLAC³ᴰ 导出模型界面上的 σ_1、σ_2、σ_3,通过式(8-6)计算获得了该储气库注采运行过程中的安全系数,并导入 tecplot 中显示。选取注采过程中气压最小处[图 9.7(a)中①]以及运行结束点[图 9.7(b)中②],对其扩容破坏云图进行分析。从图 9.7(b)、图 9.7(c)中可看出,安全系数随着距洞室的距离增加而增大,距离洞腔较远处受到注采影响较小,气压最小处洞室周围的安全系数都在 1.5 以上,注采运行结束后安全系数在 3 以上(图 9.7 中只判断了盐岩,未考虑夹层),两种状态下均未发生扩容破坏,但低气压运行对储气库安全性有明显的影响。两腔之间矿柱部位的安全系数普遍较小,属于不稳定区域,需对矿柱塑性区及水平位移作进一步分析。

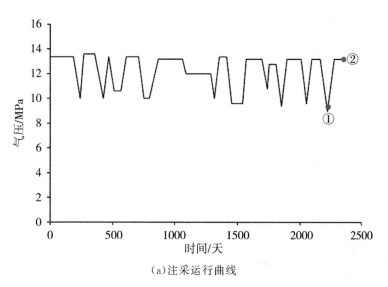

（a）注采运行曲线

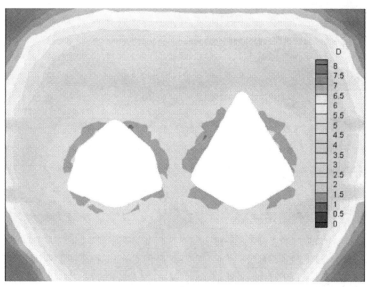

（b）①处扩容破坏云图

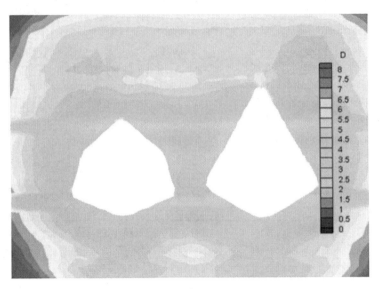

(c)②处扩容破坏云图

图9.7　西1、西2腔扩容破坏安全系数及破坏云图

9.3.2　矿柱稳定性分析

矿柱是储气库群稳定的重要影响因素,矿柱失稳会导致盐穴顶板垮塌,甚至造成整个盐穴储气库破坏报废。通过研究矿柱的塑性区分布、横向位移、主应力分布来判断矿柱稳定性。

9.3.2.1　塑性区分析

在全周期注采运行之后,塑性区主要出现在腔体周围,塑性区分布范围较小(约5 m)。矿柱部位塑性区(见图9.8)未出现连接贯通,说明矿柱较为稳定。

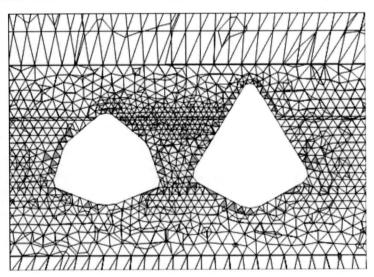

图9.8　西1、西2腔塑性区分布云图

9.3.2.2 矿柱的水平位移

在全周期注采运行之后,受到盐岩的蠕变以及气压升降的影响,矿柱会产生水平位移,最大水平位移出现在腔腰部位,约为 120 mm。在注采过程中,两腔基本同步注采,矿柱未产生较大变形,矿柱中心水平位移小于 20 mm,如图 9.9 所示。

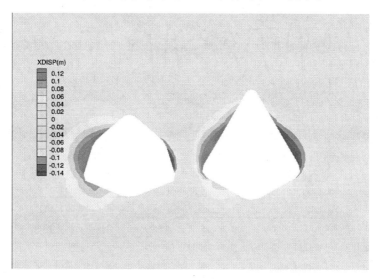

图 9.9　西 1、西 2 腔水平位移分布云图

9.3.2.3 矿柱主应力分布

腔体周围应力分布较为破碎。两盐腔的腔顶处、西 1 腔上部夹层处均出现了应力集中现象,但腔体周围的应力均为负值。这说明不存在拉应力,矿柱部位不存在应力集中,西 1、西 2 腔主应力分布云图如图 9.10 所示。

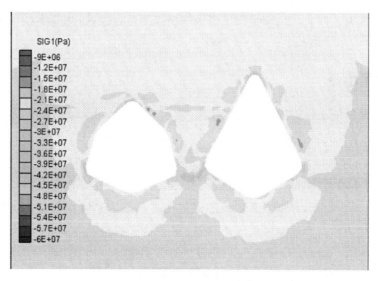

图 9.10　西 1、西 2 腔主应力分布云图

9.3.3 体积收缩的影响

根据现场声呐测量近七年的西 1、西 2 盐腔体积收缩率分别为 1.67％与 1.16％,但实际盐腔内的环境复杂,会影响现场测量的准确性,图 9.11 为数值模拟得到的西 1、西 2 腔注采运营七年后盐腔体积收缩率变化图。

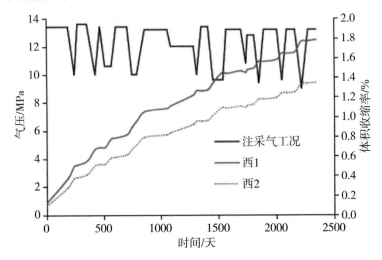

图 9.11　西 1、西 2 腔体积收缩率变化图

从图 9.11 可以看出,当储气库处于恒压阶段时,由于盐岩自身具有的蠕变特性,盐腔体积收缩率缓慢增加,增加速度较为平缓。此时盐岩主要处于稳态蠕变阶段,且低压运行阶段的体积收缩速率明显大于高压运行阶段。当储气库处于采气降压阶段时,盐腔体积收缩的速率明显大于其他阶段。

两腔体体积收缩率随着时间的增加呈波动上升的趋势。七年之后,西 1、西 2 腔的体积收缩率分别为 1.78％与 1.35％。根据国外储气库运行经验,储气库运行一年的体积收缩率不应超过 1％,因此西 1、西 2 腔的体积收缩率符合安全标准。

9.4　本章小结

本章主要对两个盐腔进行了数值计算,分析了单循环与全周期注采循环两种工况。

(1)建立了与实际盐腔形状相似的三维数值模型,选取 FLAC³ᴰ 中的蠕变模型进行数值模拟分析。

(2)进行了单循环注采工况的数值模拟,其中棒式位移传感器监测数据与数值模拟数据接近,且规律吻合,可作为其他传感器的比对标准。光纤压力盒、多点位移计、光纤应变数据变化规律与数值模拟规律吻合,说明试验流程控制准确,可以进行全周期注采运行试验。

(3)进行了全周期注采运行数值模拟,引入盐岩的扩容安全系数进行稳定性分析,对注采过程中气压最小处以及运行结束后的膨胀扩容云图进行分析。气压最小处洞室周围的安全系数都在 1.5 以上,注采运行结束后安全系数在 3 以上,两盐腔处于稳定状态,矿柱部位的安全系数普遍较小,在未来稳定性预测时需要重点研究。塑性区自腔壁向外延伸范围较小,矿柱之间塑性区并未贯通,两腔之间的矿柱未产生较大变形,矿柱中心水平位移小于 20 mm,未出现拉应力,矿柱安全稳定。盐腔处在恒压运行时腔体体积缓慢增大,低压运行阶段的体积收缩速率明显大于高压运行阶段,采气降压阶段的体积收缩速率也明显大于其他阶段。注采运行后,腔体体积收缩率在安全范围之内。

参考文献

［1］刘波，韩彦辉. FLAC 原理、实例与应用指南［M］. 北京：人民交通出版社，2005.

［2］HUNSCHE U，ALBRECHT H. Results of true triaxial strength tests on rock salt［J］. Engineering Fracture Material，1990，35(4)：1043-1046.

［3］陈锋，李银平，杨春和，等. 云应盐矿盐岩蠕变特性试验研究［J］. 岩石力学与工程学报，2006，25(z1)：3022-3027.

［4］徐素国，梁卫国，邰保平，等. 钙芒硝盐岩蠕变特性的研究［J］. 岩石力学与工程学报，2008，27(z2)：3516-3520.

［5］杨春和，白世伟，吴益民. 应力水平及加载路径对盐岩时效的影响［J］. 岩石力学与工程学报，2000(3)：270-275.

10　盐穴储气库群矿柱稳定性影响因素分析与实例应用

　　盐穴储气库群矿柱自身稳定性受多种因素的影响,综合国内外学者的研究成果[1-6]发现,对矿柱稳定性影响较大且能进行定量分析的影响因素如下:①矿柱自身岩体性质与强度;②矿柱几何尺寸,即矿柱的宽度与高度;③矿房采空率;④矿柱埋深及上覆岩层重量。

　　本章主要通过数值模拟方法分析盐穴直径、矿柱宽度、腔内压力、盐穴埋深、布井方式等因素对矿柱稳定性的影响规律,并将扩容界限方程嵌入数值计算结果,得出矿柱的安全系数云图,然后与矿柱稳定性评价方法的理论计算结果作对比,验证该理论方法的可靠性。目前常用的商业数值模拟软件有 ABAQUS、ANSYS 和 FLAC³ᴰ 等,本研究使用 FLAC³ᴰ 有限差分数值模拟软件[7-11]。根据盐岩室内力学试验结果,并参考国内盐岩力学特性的研究成果选取模拟参数。

10.1　盐穴储气库群矿柱稳定性数值模拟

10.1.1　数值模型建立

　　为了便于分析矿柱稳定性的普遍性规律,盐穴采用理想的椭球体模型,通过调整两盐穴之间距离、盐穴直径及高度等几何参数改变矿柱的尺寸。为了减小边界条件对分析的影响,模型的长×宽×高设定为 800 m×600 m×600 m。模型单元采用四面体单元,单元个数约 30 万。剖分网格时,模型中部盐腔周围的网格密集,越靠近模型边缘的网格越稀疏,如图 10.1 所示。模型上覆岩层的压力用施加在模型上部的应力来模拟,水平应力侧压力系数为 1,模型底面施加竖向简支约束,模型前后、左右面施加相应法线方向的简支约束,即把模型以外地质体考虑为刚性体,认为模型没有法向移动。

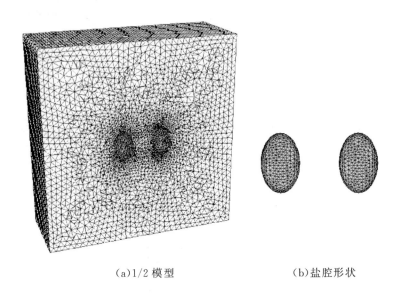

(a)1/2模型 　　　　　　　(b)盐腔形状

图 10.1　数值模型图

10.1.2　模拟方案设计

由矿柱应力方程式可知,影响矿柱稳定性的因素有盐穴直径、矿柱宽度、腔内压力、盐穴埋深、布井方式等,用控制变量的方式考虑以上因素,并设计模拟方案,具体模拟方案如表 10.1 所示。

表 10.1　模拟方案

序号	埋深/m	盐穴直径 D/m	矿柱高度/m	矿柱宽度 W/m	W/D	运行压/MPa	布井方式	蠕变时间/年
1				20	0.25			
2				40	0.5			
3				60	0.75			
4	1000	80	120	80	1	7	双腔	30
5				100	1.25			
6				120	1.5			
7				140	1.75			
8				160	2			
9						5		
10						7		
11	1000	80	120	80	1	9	双腔	30
12						13		
13						17		

续表

序号	埋深/m	盐穴直径 D/m	矿柱高度/m	矿柱宽度 W/m	W/D	运行压/MPa	布井方式	蠕变时间/年
14	600							
15	800							
16	1000	80	120	80	1	7	双腔	30
17	1200							
18	1400							
19				40	0.5			
20	1000	80	120	80	1	7	三角形布井	30
21				120	1.5			
22				160	2			
23				40	0.5			
24	1000	80	120	80	1	7	矩形布井	30
25				120	1.5			
26				160	2			

10.1.3　计算参数选取

本节模拟计算的静力学分析部分采用的本构模型是 Mohr-Coulomb 模型,盐岩蠕变模型采用幂指数模型。盐岩的蠕变率为 $\dot\varepsilon(t)$,其计算公式如下:

$$\dot\varepsilon(t)=Aq^n \tag{10-1}$$

式中,A、n 为蠕变材料参数,是盐岩材料的试验常数;q 为平均应力。

根据第 8 章盐岩力学试验结果,并参考国内盐岩力学参数的已有研究成果[12-16],可确定数值计算参数,具体参数如表 10.2 和表 9.1 所示。

表 10.2　静力计算参数表

岩性	弹性模量/GPa	泊松比	黏聚力/MPa	内摩擦角/°	抗拉强度/MPa
盐岩	5.5	0.31	20.99	29.5	1.2

10.2　不同工况模拟结果

10.2.1　不同矿柱宽度模拟结果

通过内压 12 MPa(溶盐造腔阶段卤水压力)下的静力学分析,得到矿柱最小宽度截面上的垂直应力分布规律。随着矿柱宽度减小,矿柱平均垂直应力增大,矿柱垂直应力分布曲线由双峰逐渐变为单峰,如图 10.2 所示。盐穴造腔过程中,盐穴围岩进行应力重分布,盐穴围岩及矿柱承担了盐穴顶板范围内上覆岩层的重量。当矿柱宽度较大时,矿柱中部受扰动较小,故矿柱垂直应力在此处较低。矿柱两侧区域的岩体受扰动较大,应力值较大,因此矿柱两侧出现了双峰。而矿柱边缘位置发生应力释放,应力出现最小值,但不会小于腔内压力。随着矿柱宽度变小,整个矿柱都受到应力重分布的影响,矿柱对称轴附近垂直应力越来越大,最后应力分布变成单峰曲线。

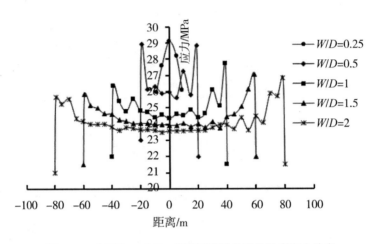

图 10.2 内压为 12 MPa 时不同宽度的矿柱垂直应力分布

图 10.3 为矿柱中心点垂直应力随矿柱宽度变化曲线。当 $W/D<1$ 时,增大矿柱宽度能明显减小矿柱垂直应力值;当 $W/D>1$ 时,随着矿柱宽度的增大,矿柱垂直应力减小趋势减缓。

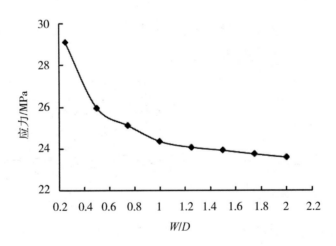

图 10.3 矿柱中心点垂直应力随矿柱宽度变化曲线

盐穴内压为 7 MPa(设计最低气压值)时,不同矿柱的塑性区对比图如图 10.4 所示。

当矿柱宽度较大时,塑性区沿盐穴周围均匀分布。当 $W/D=2$ 时,塑性区扩展距离为 35 m 左右。当 $W/D=1$ 时,塑性区扩展长度约为 40 m。当 $W/D<1$ 时,矿柱塑性区贯通,此时易发生矿柱失稳或气体泄漏。因此随着矿柱宽度变小,塑性区向外扩展距离变大,矿柱稳定性降低。

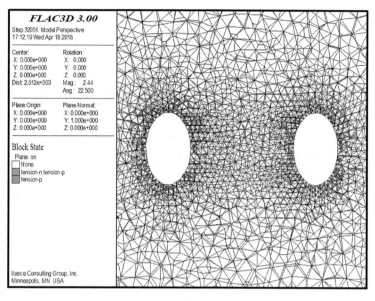

(a)$W/D=2$

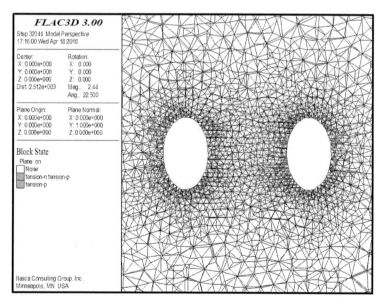

(b)$W/D=1.5$

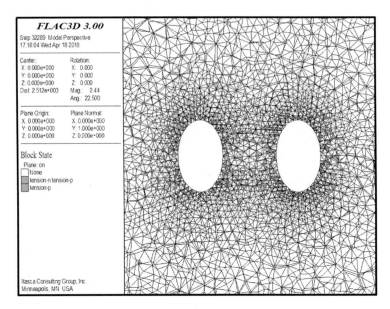

(c)$W/D=1$

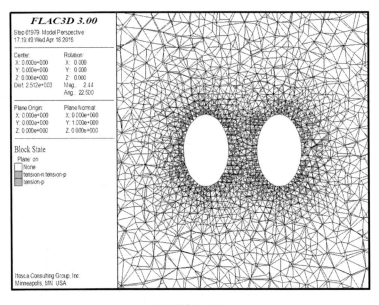

(d)$W/D=0.5$

图 10.4　不同矿柱宽度的塑性区对比图

　　将扩容界限方程嵌入 FLAC[3D] 应力计算结果,得到储气库围岩的安全系数云图,如图 10.5 所示。当安全系数小于 1 时,该区域岩体发生扩容破坏,矿柱区域的安全系数明显小于其他区域,与实际情况相符。对比不同矿柱宽度的安全系数云图,当矿柱宽度减小时,安全系数整体随之减小。用矿柱中心点安全系数作为矿柱的整体安全系数,画出矿柱安全系数随 W/D 的变化曲线,并与矿柱稳定性评价方法的理论计算值对比。不同宽度的矿柱安全系数计算结果对比如图10.6所示,理论计算结果与数值计算结果能够较好的匹配,两者具有相同趋势,验证了理论方法的可靠性。理论计算结果和数值计算结果给出的临界矿柱宽度分别为 $0.85D$ 和 $0.73D$,这说明理论计算结果相对保守。

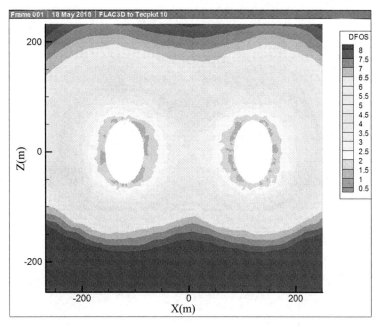

(a)$W/D = 2$

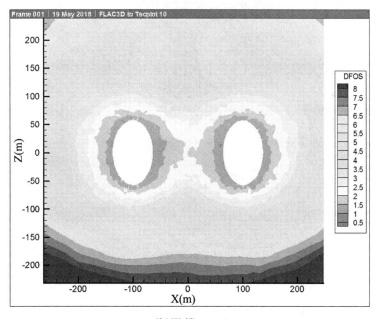

(b)$W/D = 1.5$

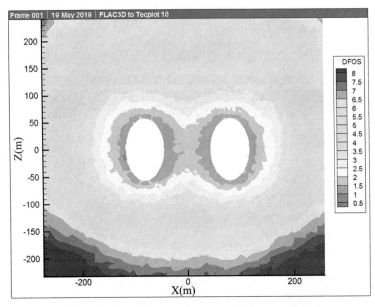

(c)$W/D = 1$

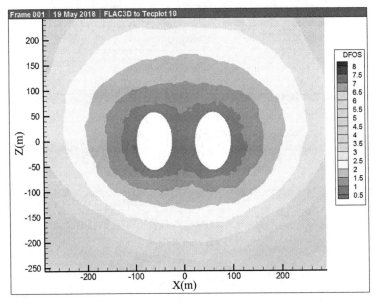

(d)$W/D = 0.5$

图 10.5　不同矿柱宽度的安全系数云图

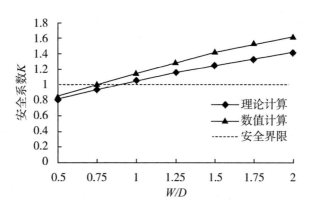

图 10.6　不同宽度的矿柱安全系数计算结果对比

10.2.2　不同盐腔内压模拟结果

　　按照表 10.1 中 9～13 号方案进行不同腔内压力下 30 年蠕变模拟。图 10.7 为矿柱中心点垂直应力随时间变化的曲线,矿柱应力在最初的 3 年内初始地应力减小的幅度较大,这段时间为矿柱岩体初始蠕变阶段。3 年以后矿柱应力大小基本保持稳定,处在稳态蠕变阶段。当腔内压力大于 7 MPa 时,矿柱应力 30 年内基本可以保持稳定,图中每条曲线形态大体一致,但盐腔内压越小,矿柱应力减小的幅度越大。当腔内压力减小到 5 MPa 时,矿柱在第 12 年左右进入加速蠕变阶段,可能会导致矿柱破坏或盐腔体积大幅度缩小,影响盐穴储气库的正常运营。

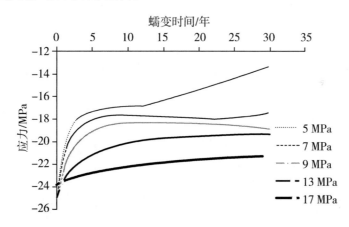

图 10.7　矿柱中心点垂直应力随时间变化曲线

　　不同盐腔内压的塑性区对比图如图 10.8 所示,当腔内压力大于 13 MPa 时,盐穴周围基本不存在塑性区。随着腔内压力变小,盐腔周围开始出现塑性区。当盐腔内压减小到 9 MPa 时,塑性区在盐腔周围均匀分布,其扩展宽度为 20 m 左右;当盐腔内压 7 MPa 时,塑性区扩展宽度约为 40 m;当盐腔内压小于 7 MPa 时,矿柱塑性区贯通,此时易发生矿柱失稳或气体泄漏。

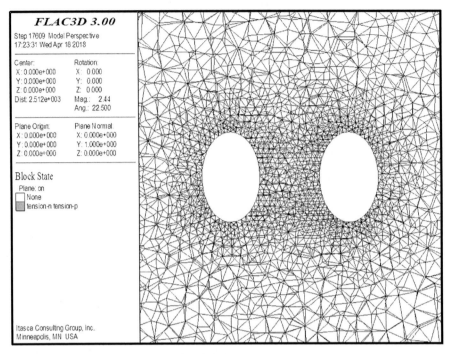

(a)内压为 17 MPa

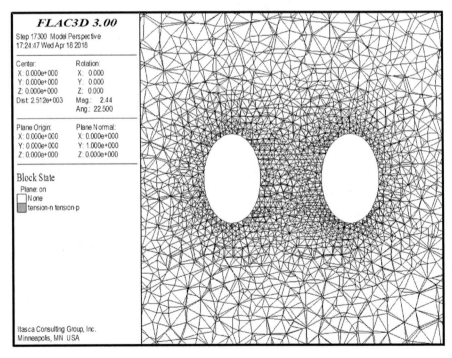

(b)内压为 13 MPa

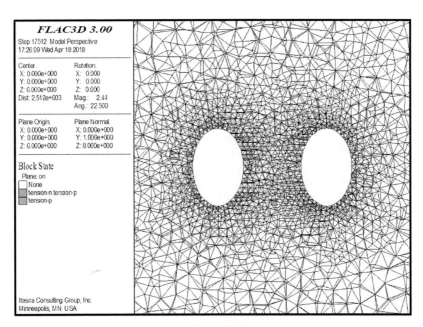

(c)内压为 9 MPa

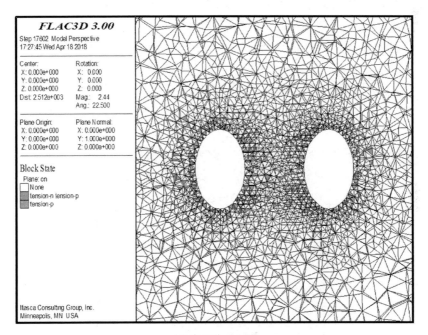

(d)内压为 7 MPa

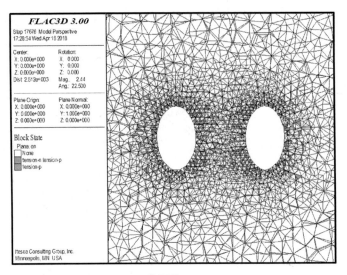

(e)内压为 5 MPa

图 10.8　不同盐腔内压的塑性区对比图

　　将扩容界限方程嵌入 FLAC^{3D} 计算结果,得到储气库围岩的安全系数云图,如图 10.9 所示。对比不同盐腔内压下的安全系数云图,盐腔内压减小,安全系数整体随之减小。用矿柱中心点安全系数作为矿柱整体安全系数,画出矿柱安全系数随盐腔内压的变化曲线,并与理论计算结果对比,如图 10.10 所示。理论计算结果和数值计算结果给出的临界盐腔内压分别为 6 MPa 和 6.5 MPa,两者较为匹配。

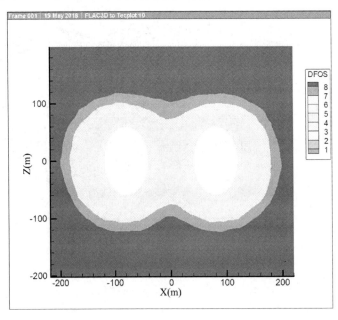

(a)内压为 17 MPa

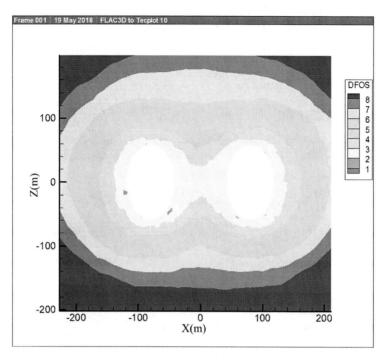

(b)内压为 13 MPa

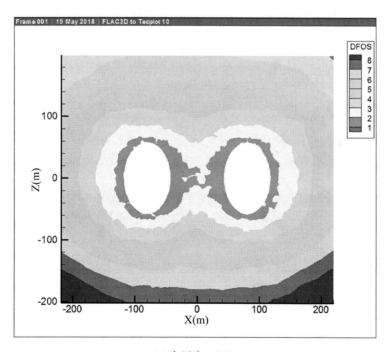

(c)内压为 9 MPa

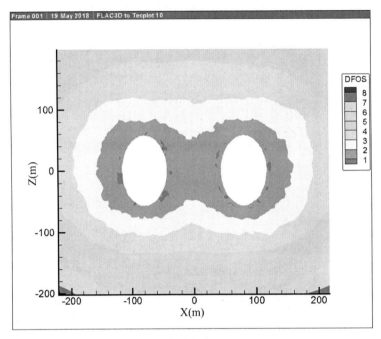

(d)内压为 7 MPa

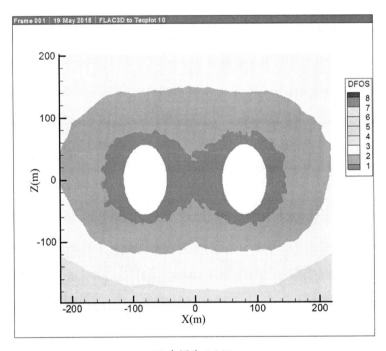

(e)内压为 5 MPa

图 10.9 不同盐腔内压的安全系数云图

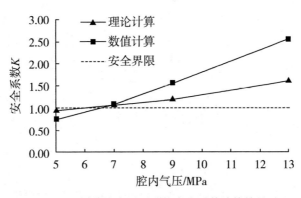

图 10.10   不同盐腔内压下矿柱安全系数计算结果对比

10.2.3   不同盐穴埋深模拟结果

通过内压 12 MPa(溶盐造腔阶段卤水压力)下静力学分析,得到不同盐穴埋深的矿柱垂直应力分布规律,如图 10.11 所示。当盐穴埋深 $h=600$ m 时,矿柱对称轴位置的应力值为 13.5 MPa,当 $h=1400$ m 时,矿柱对称轴位置的应力值为 35 MPa。矿柱的垂直应力随着盐穴埋深增大而增大,盐穴埋深对矿柱垂直应力影响较大。

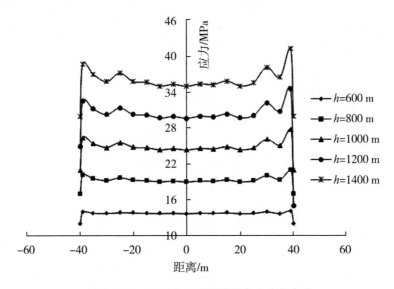

图 10.11   不同盐穴埋深矿柱应力分布曲线

不同盐腔埋深 30 年蠕变塑性区分布如图 10.12 所示。当盐穴埋深为 600 m 时,塑性区零星分布在盐穴洞壁。当盐穴埋深为 800 m 时,塑性区在盐腔周围均匀分布,其扩展宽度 20 m 左右。当盐穴埋深大于 1000 m 时,矿柱区域塑性区贯通,此时可能发生矿柱失稳或气体泄漏。当埋深达到 1400 m 时,盐腔出现严重收缩变形,体积收缩为初始体积的 53.8%。因此,盐穴储气库的建库深度不宜超过 1400 m。

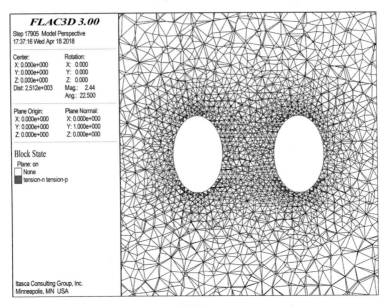

(a)埋深 600 m

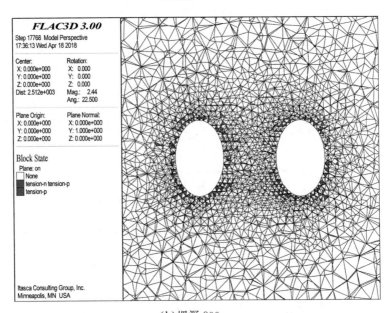

(b)埋深 800 m

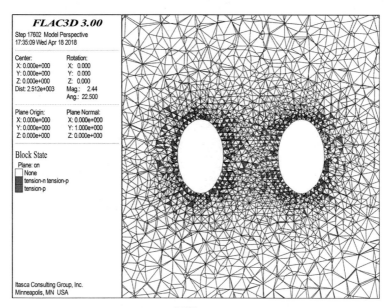

（c）埋深 1000 m

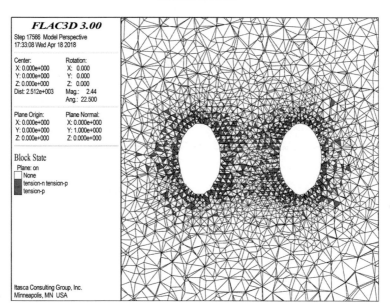

（d）埋深 1200 m

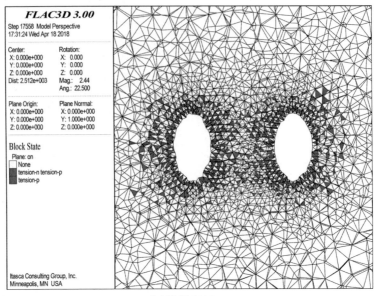

(e)埋深 1400 m

图 10.12　不同盐穴埋深的塑性区对比图

将扩容界限方程嵌入 Flac[3D]应力计算结果,得到安全系数云图,如图 10.13 所示。对比不同盐穴埋深下的安全系数云图,盐穴埋深增大,安全系数整体随之减小。用矿柱中心点安全系数作为矿柱整体安全系数,作矿柱安全系数随盐穴埋深变化曲线,并与理论方法计算结果对比,如图 10.14 所示。理论计算结果和数值计算结果给出的临界盐穴埋深分别为 1080 m 和 1240 m,理论计算结果相对保守。

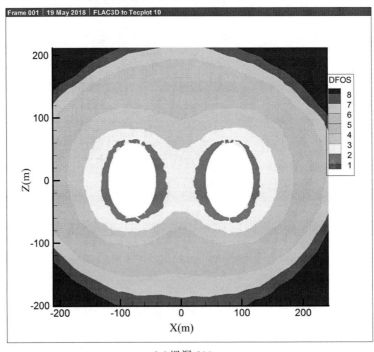

(a)埋深 600 m

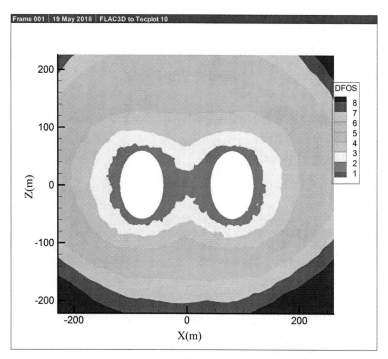

(b)埋深 800 m

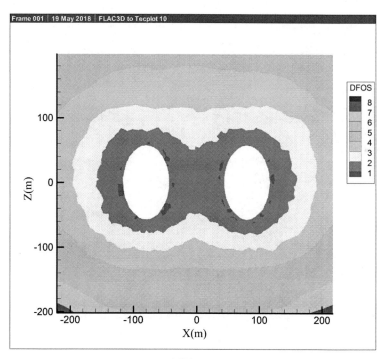

(c)埋深 1000 m

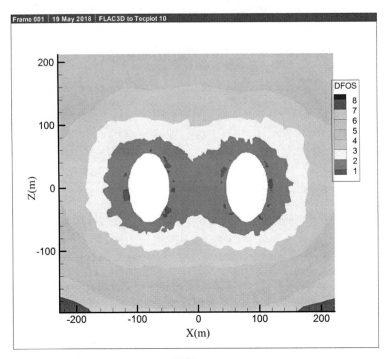

(d)埋深 1200 m

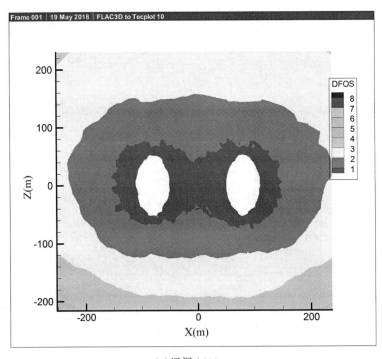

(e)埋深 1400 m

图 10.13　不同盐穴埋深矿柱安全系数云图

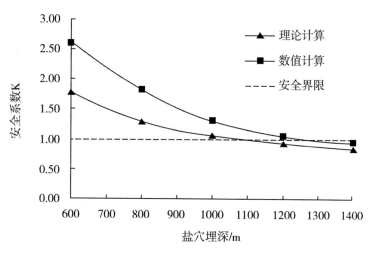

图 10.14　不同盐穴埋深矿柱安全系数计算结果对比

10.2.4　不同布井方式模拟结果

储气库一般以库群的形式设计规划,库群的布井方式对矿柱稳定性的影响不容忽视。一般储气库群有三角形布井和矩形布井两种方式,如图 10.15 所示。在相邻储气库间距相等的情况下,同等面积场地三角形布井方式比矩形布井方式的布井数量多11.5%。

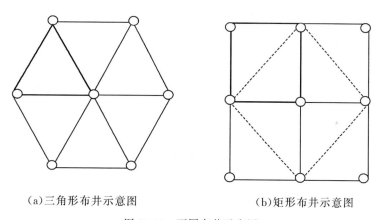

（a)三角形布井示意图　　　　　（b)矩形布井示意图

图 10.15　不同布井示意图

按照表 10.1 中 19～26 号方案分别进行两种布井方式不同腔内压力下 30 年蠕变模拟。将扩容界限方程嵌入 FLAC³ᴰ 计算结果,对比两种布井方式的安全系数云图,如图10.16、图 10.17 所示。当邻腔间距相等时,矩形布井的安全余量更大。利用矿柱安全方程计算两种布井方式在不同盐穴间距下的矿柱安全系数,分别画出两种布井方式下矿柱安全系数随邻腔间距变化曲线,如图 10.18 所示。矩形布井和三角形布井的临界盐穴间距分别为 0.85D 和 1.15D。若两种布井方式分别以各自的临界盐穴间距布井,同样面积的矿场矩形布井方式比三角形布井方式多布井 58.3%,这一结论与通常认为的三角形布井方式的矿场利用率更高的观点不同。

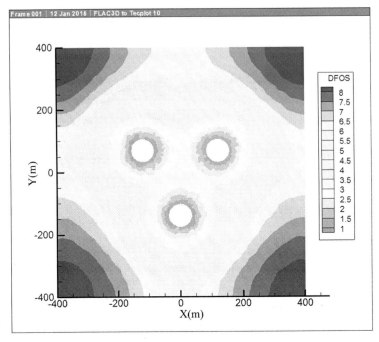

(a)邻腔间距为 160 m

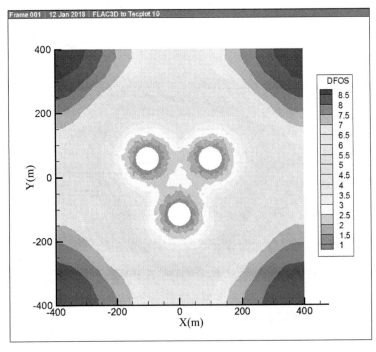

(b)邻腔间距为 120 m

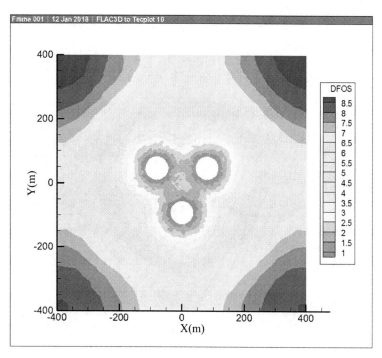

（c）邻腔间距为 80 m

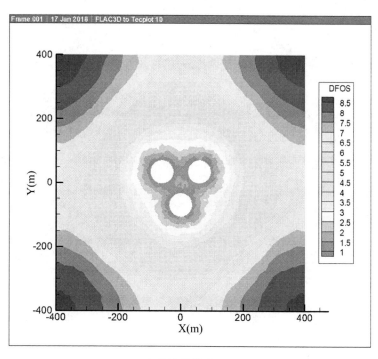

（d）邻腔间距为 40 m

图 10.16 三角形布井安全系数云图

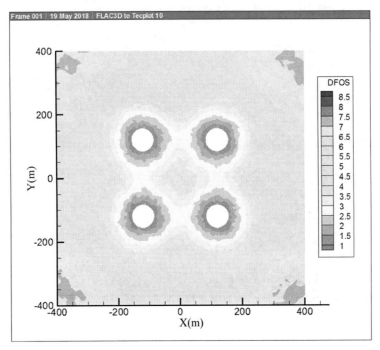

（a）邻腔间距为 160 m

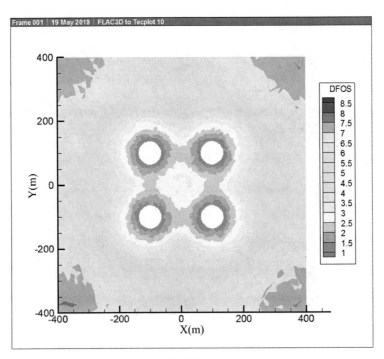

（b）邻腔间距为 120 m

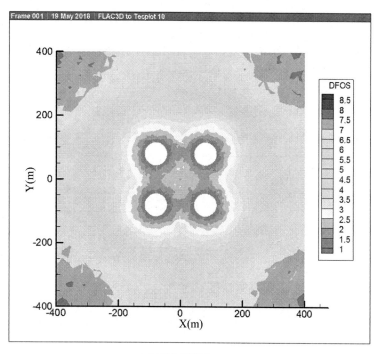

（c）邻腔间距为 80 m

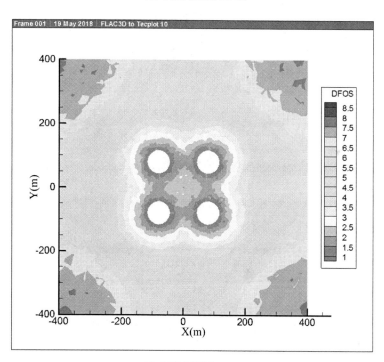

（d）邻腔间距为 40 m

图 10.17 矩形布井安全系数云图

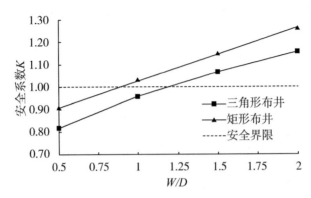

图 10.18 不同布井方式矿柱安全系数随邻腔间距变化曲线

10.3 矿柱稳定性影响因素敏感性分析

10.3.1 矿柱稳定性影响因素正交极差法分析

矿柱稳定性数值模拟结果和理论分析结果一致,验证了矿柱稳定性评价方法的可靠性。本节利用矿柱稳定性评价方法,通过设计各影响因素的正交计算方案[17],分析了影响矿柱稳定性因素的敏感性。敏感性分析采用极差法,极差是指同一影响因素不同数值水平计算结果的最大差值。所谓极差法,就是将每个影响因素的极差值按照大小排序,影响因素的极差越大,其对矿柱稳定性影响的敏感度越高。

选取矿柱稳定性评价方法所涉及的 6 个变量进行敏感性分析,每个影响因素设置 5 个数值水平,其取值范围根据工程实践经验及前文中的数值模拟结果确定,具体取值方案如表 10.3 所示。

表 10.3 敏感性分析各因素取值方案

水平	埋深/m	上覆岩层平均重度/(kN/m³)	矿柱宽度/m	盐腔直径/m	矿柱高度/m	盐腔内压/MPa
1	600	20	40	40	60	5
2	800	22	70	60	90	7
3	1000	24	100	80	120	9
4	1200	26	130	100	150	11
5	1400	28	160	120	180	13

对矿柱稳定性影响因素及其对应的水平值进行正交方案设计,按照矿柱稳定性评价方法计算矿柱的安全系数 K,计算方案及结果如表 10.4 所示。K_i 为影响因素的第 i 个水平值的矿柱安全系数平均值,则影响因素的极差为 $R = \max(K_i) - \min(K_i)$。

表 10.4 矿柱稳定性计算方案及结果

方案	埋深/m	上覆岩层平均重度/(kN/m³)	矿柱宽度/m	盐腔直径/m	矿柱高度/m	盐腔内压/MPa	安全系数 K
1	1	1	1	1	1	1	1.81
2	1	2	2	2	2	2	2.36
3	1	3	3	3	3	3	3.04
4	1	4	4	4	4	4	3.99
5	1	5	5	5	5	5	5.51
6	2	1	2	3	4	5	4.81
7	2	2	3	4	5	1	1.19
8	2	3	4	5	1	2	1.85
9	2	4	5	1	2	3	2.67
10	2	5	1	2	3	4	1.27
11	3	1	3	5	2	4	1.94
12	3	2	4	1	3	5	3.26
13	3	3	5	2	4	1	1.28
14	3	4	1	3	5	2	0.78
15	3	5	2	4	1	3	1.08
16	4	1	4	2	5	3	1.54
17	4	2	5	3	1	4	2.54
18	4	3	1	4	2	5	0.93
19	4	4	2	5	3	1	0.74
20	4	5	3	1	4	2	1.04
21	5	1	5	4	3	2	1.24
22	5	2	1	5	4	3	0.70
23	5	3	2	1	5	4	1.12
24	5	4	3	2	1	5	1.49
25	5	5	4	3	2	1	0.95
K_1	3.34	2.27	1.10	1.98	1.75	1.19	—
K_2	2.36	2.01	2.02	1.59	1.77	1.45	—
K_3	1.67	1.65	1.74	2.43	1.91	1.81	—
K_4	1.36	1.94	2.32	1.69	2.36	2.17	—
K_5	1.10	1.97	2.65	2.52	2.03	3.20	—
R	2.24	0.62	1.55	0.93	0.61	2.01	—

10.3.2 矿柱稳定性影响因素敏感度顺序

按照表 10.4 中的极差计算结果,确定矿柱稳定性影响因素敏感度顺序为:埋深>盐穴内压>矿柱宽度>盐腔直径>上覆岩层平均重度>矿柱高度。埋深、盐穴内压、矿柱宽度的极差均大于 1.5,对矿柱稳定性的影响最显著。盐腔直径、上覆岩层平均重度和矿柱高度的极差均小于 1,对矿柱稳定性的影响相对较小。根据正交计算结果可知,矿柱安全系数与埋深、盐腔宽度、矿柱高度之间存在负相关关系,即矿柱安全系数随埋深、盐腔宽度、矿柱高度的增大而减小。矿柱安全系数与矿柱宽度、盐腔内压之间存在正相关关系,即矿柱安全系数随矿柱宽度、盐腔内压的增大而增大。

10.4 金坛某盐穴储气库群矿柱稳定性实例分析

在盐穴储气库建库过程中,随着盐矿的水溶采出,两个或两个以上盐穴之间形成矿柱。矿柱处在复杂的地质环境中,其稳定性分析至关重要。前面分析了盐岩矿柱破坏机理,探究了矿柱宽度与盐穴直径之比、腔内压力、盐穴埋深、布井方式等因素对矿柱稳定性的影响规律。本节针对金坛某群腔盐穴矿柱实际地质条件,利用数值模拟和矿柱稳定性评价方法对其进行稳定性评价,为未来盐穴储气库矿柱设计提供参考。

10.4.1 工程概况

本节分析的储气库群位于江苏省南部的金坛地区,金坛盐穴储气库是中国的第一座储气库,库区面积约 8.9 平方千米,目前储气库单日注气量可达 900 余万立方米。如图 10.19 所示。本节分析的矿柱位于井 2、井 3 与井 5 所包围的区域内,井 2 与井 3 的井口间距为 357 m,井 2 与井 5 的井口间距为 278 m,井 3 与井 5 的井口间距为 343 m。矿柱范围内无地质断层,地势总体呈南高北低,各井口之间最大高差不超过 30 m,建立模型时可以忽略。图 10.20 为根据声呐探测数据绘制而成的三维盐腔形态图。

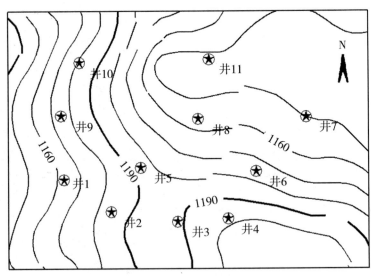

图 10.19 盐腔相对位置图

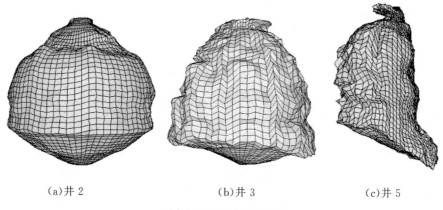

(a)井 2   (b)井 3   (c)井 5

图 10.20　盐腔形态图

储气库注采井 3 的井钻遇地层如下：

(1)第四系东台组(Qd)

井段为 0～20.0 m，视厚度为 20 m。该层为灰色粉砂质黏土，黏土较松散，未成岩。

(2)下第三系三垛组(Es)

井段为 20.0～654.0 m，视厚度为 634.0 m。

上段(Es_3)：井段为 20.0～427.4 m，视厚度为 407.4。该段为大套棕红色粉砂质泥岩、棕红色泥岩，上部夹少量灰色粉砂岩，底部见一层灰白色灰质泥岩。

中段(Es_2)：井段为 427.4～593.4 m，视厚度为 166.0 m。上部(427.4～487.0)岩性以黑色玄武岩为主，夹棕红色泥岩、灰白色泥岩；下部(487.0～593.4 m)岩性以灰色、灰绿色泥岩为主，底部见一层黑色玄武岩。

(3)下第三系戴南组(Ed)

井段为 654.0～941.5 m，视厚度为 287.5 m。

上段(Ed_2)：埋深为 654.0～835.0 m，厚度为 181.0 m。该段为棕红色泥岩、灰色泥岩不等厚互层，中夹少量灰黄色泥岩，底部为灰色含膏泥岩。

下段(Ed_1)：埋深为 835.0～941.5 m，厚度为 106.5 m。该段为灰色含膏泥岩、灰色泥岩不等厚互层。

(4)下第三系阜宁组(Ef_4)(未穿)

井段为 941.5～1145.0 m，视厚度为 203.5 m。

上部(941.5～976.4 m)岩性以深灰色泥岩为主，夹少量深灰色含膏泥岩，底部为深灰色含膏含盐泥岩；下部(976.4～1145.0 m)岩性以灰白色盐岩、含泥盐岩为主，盐层厚度为 169 m，含部分夹层为深灰色膏质泥岩、含膏含盐泥岩，局部见棕红色泥岩。

10.4.2 矿柱稳定性数值分析

10.4.2.1 数值模型建立

为减小边界效应的影响,数值计算范围大于矿柱范围的 3 倍,根据图 10.19 显示的矿柱位置,整体计算模型长×宽设定为 800 m×800 m。井 2 腔顶埋深 1016 m,腔底埋深 1088 m;井 3 腔顶埋深 1012 m,腔底埋深 1088 m;井 5 腔顶埋深 1018 m,腔底埋深 1048 m。由这三个盐腔形成的矿柱埋深在 1012~1088 m 范围内,计算模型竖向范围取地表以下 771~1371 m。地层中的泥岩夹层自身强度高于盐岩,矿柱中泥岩夹层被认为可以起到锚固作用[18-21],故考虑最危险情况,同时为了简化计算模型,忽略泥岩夹层的作用,将前文地层信息中盐腔高度范围内的泥岩夹层简化为盐岩,简化后的数值计算模型如图 10.21 所示。模型采用四面体单元进行剖分,共剖分单元 32 多万个。盐腔根据声呐探测数据绘制而成,其相对位置根据图 10.19 确定。

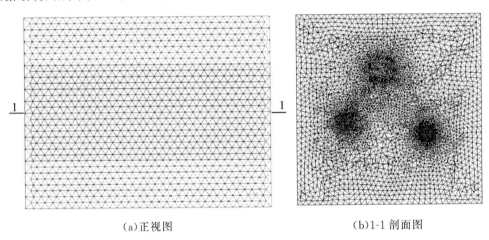

| (a)正视图 | (b)1-1 剖面图 |

图 10.21　数值计算模型整体图

通过在模型上施加应力来模拟上覆岩层的压力,根据地层平均重度和地层厚度计算得模型上表面等效荷载为 18.3 MPa。模型底面采用竖向简支约束,模型四周侧面施加相应法线方向的简支约束。

10.4.2.2 计算参数选取

本节模拟计算静力学分析部分采用的本构模型同样为 Mohr-Coulomb 模型,基于第 10.1.3 节,模拟计算参数如表 10.5、表 9.1 所示。

表 10.5　静力计算参数表

岩性	弹性模量/GPa	泊松比	黏聚力/MPa	内摩擦角/°	抗拉强度/MPa
盐岩	5.5	0.31	20.99	29.5	1.2
泥岩	26	0.2	15.48	52	2.1

10.4.2.3 静力稳定性分析

在储气库的溶盐造腔阶段,盐岩矿柱受到卤水对其产生的压力,根据盐腔埋深可计算出卤水压力为 12.6 MPa。建腔过程中盐腔体积最大时对矿柱的稳定最不利,故对于建库过程只模拟最后状态。利用前文建立的三维模型,腔内压力取卤水压力,对建库完成后矿柱的稳定性进行数值分析。

图 10.22 为卤水压力作用下矿柱的最大应力云图。从应力分布来看,盐腔周围岩体发生应力释放,由于矿柱范围较大,矿柱中部岩体并未受到扰动。图 10.23 为卤水压力作用下矿柱及盐腔围岩塑性区分布图,图中显示造腔时在卤水压力的作用下,矿柱内没有塑性区,矿柱稳定性未受影响。

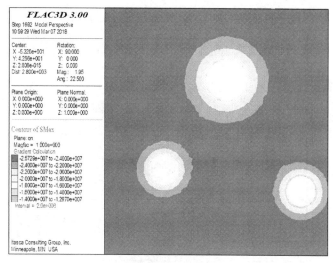

图 10.22　矿柱及盐腔周围应力云图

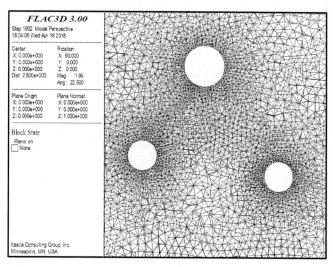

图 10.23　矿柱及盐腔周围塑性区分布

10.4.2.4 矿柱长期蠕变分析

由于盐岩具有明显的蠕变特征[22-24]，研究盐岩矿柱在长期荷载作用下的稳定性，必须要考虑其长期蠕变变形。本节采用FLAC³ᴰ中符合盐岩蠕变特性的幂指数模型，内压分别取 3 MPa、5 MPa、7 MPa、9 MPa，进行 30 年恒压蠕变模拟。图 10.24 为不同盐腔内压 30 年蠕变后塑性区的分布。当盐腔内压由 9 MPa 减小到 3 MPa 时，盐腔周围塑性区范围逐渐增大，矿柱中心区域仍未受到影响。但随着盐腔内压的减小，盐腔体积收缩率不断增大。图 10.25 为盐腔体积收缩率随盐腔内压的变化曲线，若腔内压力保持 3 MPa，恒压蠕变 30 年，盐腔的体积收缩率为 45.0%，导致盐腔的储存能力严重下降。此时，决定盐穴最低储气压力的因素为盐腔的体积收缩率。若盐腔内压为 7 MPa，经过 30 年蠕变变形后，盐腔体积收缩率为 27.2%。因此，建议该储气库群储气运行过程中最低储气压力不能低于 7 MPa。

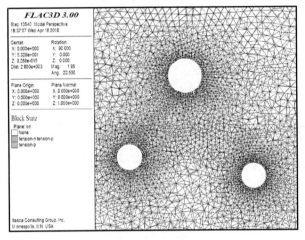

(a)内压为 9 MPa

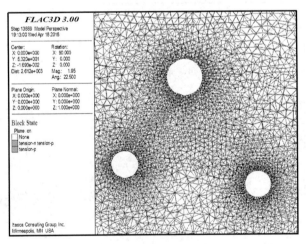

(b)内压为 7 MPa

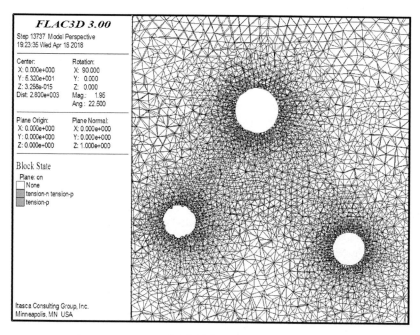

（c）内压为 5 MPa

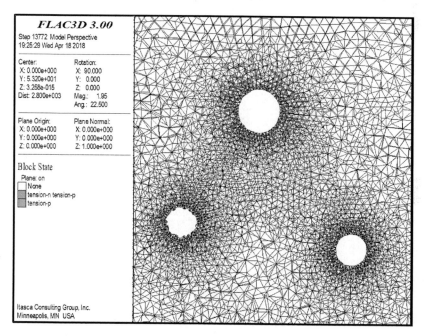

（d）内压为 3 MPa

图 10.24　不同盐腔内压的 30 年蠕变塑性区

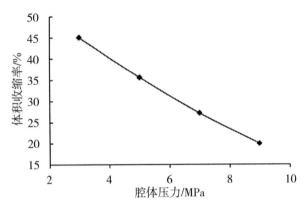

图 10.25　盐腔体积收缩率随盐腔内压变化曲线

将扩容界限方程嵌入 FLAC^{3D} 应力计算结果,图 10.26 为不同盐腔内压安全系数云图。与塑性区计算结果类似,随着腔内压力的减小,盐腔边缘扩容破坏越来越严重。由于矿柱区域较大,矿柱整体稳定性未受影响,但矿柱预留较为保守,盐矿的利用率降低。

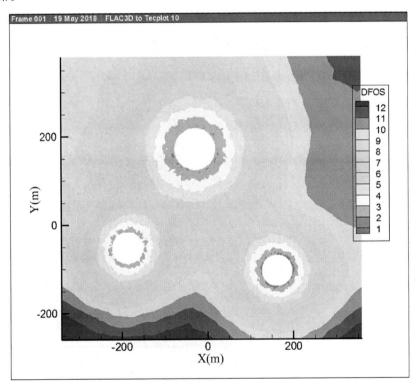

(a)内压为 9 MPa

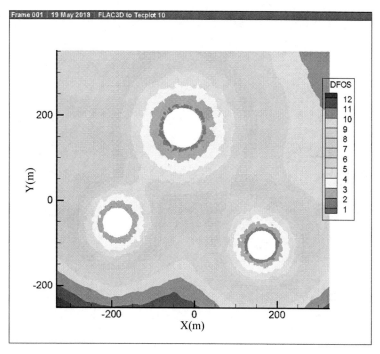

(b)内压为 7 MP

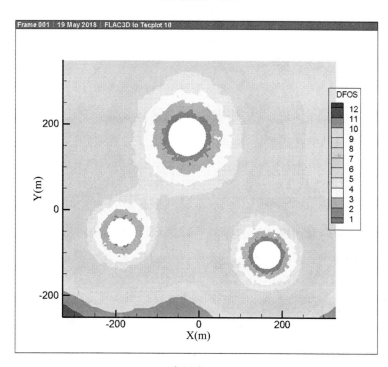

(c)内压为 5 MPa

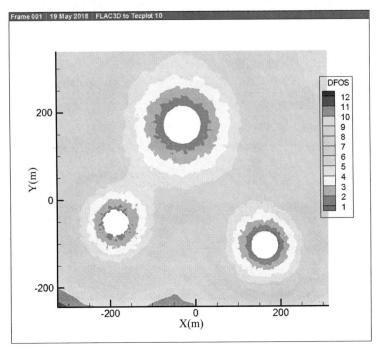

(d)内压为 3 MPa

图 10.26　不同盐腔内压的 30 年蠕变安全系数云图

10.4.3　矿柱稳定性理论计算

根据第 8.5 节中提供的矿柱稳定性评价方法,计算不同内压下该矿柱的整体安全系数,与数值模拟结果对比分析,综合判定矿柱的整体稳定性,具体步骤如下:

(1)确定矿柱等效计算面积

矿柱等效计算面积示意图如图 10.27 所示,首先根据声呐探测数据,将井 2、井 3 与井 5 的最大半径截面绘制在同一平面内(此时为最不利情况,计算结果偏保守),然后作它们的内切圆(简称"内圆"),保证至少有三点与盐腔相切,并测量出内圆直径 $W=313.5$ m。从内圆圆心分别向三个盐腔的两侧作切线,测量出每个盐腔所对应的两条射线之间的夹角度数,记三个夹角分别为 a,b,c,三个夹角的和为 $\beta=a+b+c$,并计算出 $\gamma=\beta/360=0.18$。画内圆的同心圆,使其尽量多的通过射线与盐腔的切点,称其为外圆,测量出外圆直径 $W_0=378.3$。图 10.27 中灰色区域即为矿柱的等效计算面积。

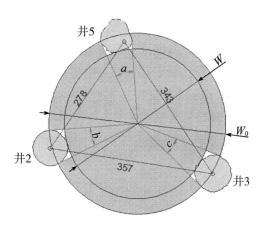

图 10.27　矿柱等效计算面积示意图

（2）矿柱应力计算

将步骤（1）中的测量计算结果代入式（8-16）、式（8-17）和式（8-18），在不同腔内压力下，计算得到矿柱三个方向的平均主应力 $\bar{\sigma}_v$、$\bar{\sigma}_r$、$\bar{\sigma}_\theta$，具体如表 10.6 所示。

（3）计算安全系数

将 $\bar{\sigma}_v$、$\bar{\sigma}_r$、$\bar{\sigma}_\theta$ 代入式（8-19）和式（8-20），计算两个用于量化稳定性的应力不变量 $\sqrt{J_2}$、I_1。将应力张量第一不变量代入扩容界限方程，得到应力偏量第二不变量开方的扩容界限值 $\sqrt{J_{2\,\mathrm{dil}}}$。此时，可根据式（8-22）计算出矿柱的整体安全系数 K，具体如表 10.6 所示。

表 10.6　矿柱整体安全系数计算表

P/MPa	γ	$\bar{\sigma}_v$/MPa	$\bar{\sigma}_r$/MPa	$\bar{\sigma}_\theta$/MPa	$\sqrt{J_2}$/MPa	I_1/MPa	$\sqrt{J_{2\,\mathrm{dil}}}$/MPa	K
3.00	0.18	26.30	23.00	10.87	8.13	60.16	14.75	1.8
5.00	0.18	26.18	23.35	10.82	8.18	60.35	14.78	1.8
7.00	0.18	26.06	23.70	10.77	8.23	60.53	14.80	1.8
9.00	0.18	25.95	24.05	10.72	8.30	60.71	14.83	1.8
11.00	0.18	25.83	24.40	10.67	8.37	60.90	14.86	1.8
13.00	0.18	25.71	24.75	10.62	8.45	61.08	14.88	1.8

理论公式计算的矿柱扩容破坏情况与数值计算得到的结果一致。该工程实例中，由于井 2、井 3 与井 5 相互之间距离较大，盐腔内压的改变对矿柱整体稳定性几乎没有影响，矿柱预留过于保守[25]。

10.5　本章小结

本章将扩容界限方程嵌入 FLAC³ᴰ 计算结果，分析了矿柱宽度与盐穴直径之比、腔内压力、盐穴埋深、布井方式等因素对矿柱稳定性的影响规律，并与矿柱安全评价方法的理论计算结果对比。利用矿柱稳定性评价方法和数值模拟手段，分析了金坛某盐穴群矿柱

的稳定性,得到以下结论:

(1)随着矿柱宽度的减小,矿柱内垂直应力增大,且增大速度越来越快,矿柱垂直应力分布曲线由双峰逐渐变为单峰。当矿柱宽度较大时,塑性区沿盐穴周围均匀分布,随着矿柱宽度变小,塑性区向外扩展距离变大。当 $W/D<1$ 时,矿柱塑性区贯通。安全系数的理论计算结果和数值计算结果给出的临界矿柱宽度分别为 $0.85D$ 和 $0.73D$,这说明通过塑性区判断盐岩矿柱稳定性的方式相对保守。

(2)盐腔内压越大,矿柱内垂直应力越小。当腔内压力大于 7 MPa 时,矿柱垂直应力在 30 年内基本可以保持稳定。腔内压力越小,矿柱塑性区延伸距离越大。当盐腔内压小于 7 MPa 时,矿柱区域塑性区贯通。根据安全系数的理论计算结果和数值计算结果,可知临界盐腔内压分别为 6 MPa 和 6.5 MPa。

(3)矿柱的垂直应力随着盐穴埋深的增大而增大,且相对其他因素盐穴埋深对矿柱垂直应力影响较大。盐穴埋深越大,矿柱塑性区延伸距离越大。当盐穴埋深大于 1000 m 时,矿柱区域塑性区贯通。根据安全系数的理论计算结果和数值计算结果,可知临界盐穴埋深分别为 1080 m 和 1240 m。

(4)通过矿柱稳定性评价方法计算不同布井方式矿柱安全系数,得出矩形布井和三角形布井的临界盐穴间距分别为 $0.85D$ 和 $1.15D$。若两种布井方式分别以各自的临界盐穴间距布井,同样面积矿场矩形布井比三角形布井方式多布井 58.3%。

(5)通过矿柱安全系数的正交极差分析,确定了矿柱稳定性影响因素敏感度大小顺序:埋深>盐穴内压>矿柱宽度>盐腔直径>上覆岩层平均重度>矿柱高度。

(6)数值计算结果表明,盐穴建腔阶段,在卤水压力作用下,矿柱边缘岩体出现应力释放现象,盐腔周围区域出现塑性区,但矿柱中部没有塑性区出现,矿柱整体稳定性不会受到损害。理论公式计算的矿柱扩容破坏情况与数值模拟结果一致,这表明该工程实例中盐腔相互之间距离较大,其内压的改变对矿柱整体稳定性几乎没有影响。

参考文献

[1] DEVRIES K L，MELLEGARD K D，CALLAHAN G D，et al. Cavern roof stability for natural gas storage in bedded salt［R］. United States：United States Department of Energy National Energy Technology Laboratory，2005.

[2] ALKAN H，CINAR Y，PUSCH G. Rock salt dilatancy boundary from combined acoustic emission and triaxial compression tests［J］. International Journal of Rock Mechanics and Mining Sciences，2007，44(1)：108-119.

[3] 罗周全,彭东,苏汉语,等. 基于正交设计与主成分回归的矿柱稳定性分析[J]. 中国地质灾害与防治学报，2015，26(04)：50-55.

[4] 张保. 深井开采矿柱稳定性分析与可视化验证[D]. 长沙：中南大学，2009.

[5] 党洁,张晨洁,郭生茂,等. 隔离矿柱回采稳定性影响因素的正交试验分析[J]. 金属矿山，2014(5)：24-26.

[6] 李令鑫,王国伟. 采空区群稳定性影响因素敏感性分析及其应用[J]. 金属矿山，2018(2)：27-34.

[7] 张艺. 金坛盐矿老腔改建储气库可行性研究[D]. 重庆：重庆大学，2011.

[8] 喻超. 含夹层盐岩储气库稳定性数值模拟研究[D]. 武汉：武汉工业学院，2012.

[9] 谢建华,夏斌,徐振华,等. 数值模拟软件 FLAC 及其在地学应用简介[J]. 地质与勘探，2005，41(2)：77-80.

[10] 李玉兰. FLAC 基本原理及在岩土工程分析中的应用[J]. 企业技术开发(学术版)，2007，26(4)：62-63，75.

[11] 吴洪词,胡兴,包太. 采场围岩稳定性的 FLAC 算法分析[J]. 矿山压力与顶板管理，2002，19(4)：96-98.

[12] 赵克烈. 注采气过程中地下盐穴储气库可用性研究[D]. 武汉：中国科学院武汉岩土力学研究所，2009.

[13] 杜超,杨春和,马洪岭,等. 深部盐岩蠕变特性研究[J]. 岩土力学，2012，33(8)：2451-2456，2520.

[14] 杨春和,李银平,屈丹安,等. 层状盐岩力学特性研究进展[J]. 力学进展，2008，38(4)：484-494.

[15] 高小平,杨春和,吴文,等. 盐岩蠕变特性温度效应的实验研究[J]. 岩石力学与

工程学报，2005(12)：2054-2059.

[16] 唐明明,王芝银,丁国生,等. 含夹层盐岩蠕变特性试验及其本构关系[J]. 煤炭学报，2010，35(1)：42-45.

[17] 宋卫东,曹帅,付建新,等. 矿柱稳定性影响因素敏感性分析及其应用研究[J]. 岩土力学，2014，35(S1)：271-277.

[18] 郤保平,赵阳升,赵延林,等. 层状盐岩储库长期运行腔体围岩流变破坏及渗透现象研究[J]. 岩土力学，2008，29(s)：241-246.

[19] 李银平,刘江,杨春和. 泥岩夹层对盐岩变形和破损特征的影响分析[J]. 岩石力学与工程学报，2006，25(12)：2461-2466.

[20] 刘艳辉,李晓,李守定,等. 盐岩地下储气库泥岩夹层分布与组构特性研究[J]. 岩土力学，2009，30(12)：3627-3632.

[21] 任涛. 夹层赋存特征对层状盐岩力学特性及储库长期稳定性影响研究[D]. 重庆：重庆大学，2012.

[22] 徐素国,梁卫国,郤保平,等. 钙芒硝盐岩蠕变特性的研究[J]. 岩石力学与工程学报，2008，27(z2)：3516-3520.

[23] 刘江,杨春和,吴文,等. 盐岩蠕变特性和本构关系研究[J]. 岩土力学，2006，27(8)：1267-1271.

[24] 周志威,刘建锋,吴斐,等. 层状盐穴储库中盐岩和泥岩蠕变特性试验研究[J]. 四川大学学报(工程科学版)，2016，48(S1)：100-106.

[25] 李正杰.深部盐岩储气库矿柱稳定性分析及应用[D]. 济南:山东大学，2018.

11　结论与展望

11.1　结论

　　针对盐穴储气库造腔控制与注采运行安全评估问题,作者在仪器系统、相似材料、功能技术、方法工艺等方面深入研究,取得了突破。基于盐岩单井造腔原理,研制了多夹层盐穴造腔模拟及形态控制的试验装置,实现了多夹层盐穴造腔与形态控制可视化真实模拟。以金坛储气库西1、西2腔为工程背景,基于相似原理,研发了盐穴储气库全周期注采运行监测与评估模拟试验系统,配制得到了具有蠕变性质的盐岩相似材料,研究得到了金坛储气库在单循环工况及全周期注采气运行工况下的盐腔变形规律;进行了盐岩单轴、三轴压缩及蠕变试验,提出了盐岩膨胀扩容判据、盐岩矿柱破坏机理与安全评价理论方法;将扩容界限方程嵌入 FLAC³ᴰ 数值模拟软件,对金坛储气库西1、西2腔稳定性进行了判断;针对安全系数较低的矿柱部位进行重点分析,得到了不同因素对盐穴储气库矿柱稳定性的影响规律。研究成果为后期储气库安全建设与运营提供了有益借鉴。本书主要成果及结论如下:

　　(1)基于相似原理,推算得到了盐岩造腔过程中模拟流速为 7.6～30.4 mL/min。根据现场水溶造腔原理和流速相似准则,自主研发了适用于多夹层盐岩造腔模拟及形态控制的试验装置。该装置可以控制地应力、温度、注水流量、内外水管高度、顶板保护液高度以及探头的高度和旋转角度等参数,能实现盐岩造腔过程的可监测物理模拟,可进行多夹层盐岩在多场耦合条件下的溶腔形态变化规律研究。研究结果可为实际盐穴储气库设计和建造提供工艺控制参数及技术支持。

　　(2)为了保证试验系统可以真实还原单井造腔工况,实现盐腔形态控制,在仪器研发与设计过程中,突破了单井造腔模拟技术、水溶造腔模拟动静态密封技术、盐腔形态动态数据图像采集技术、盐腔形态及造腔可视化综合控制技术等技术难题,解决了单井造腔模拟问题、造腔试验装置密封问题、盐腔形态动态数据图像采集问题以及多物理场集成控制问题。

（3）利用盐岩造腔模拟及形态控制的试验装置开展了造腔模拟试验。通过小岩芯试验得到了椭球形腔体，且相关尺寸数据与预测尺寸基本一致，验证了该试验装置各系统性能的可靠性。通过大岩芯试验得知：盐腔发展区高度越高，盐岩溶解面积越大，盐岩的溶解速率越快，盐腔的体积变化速率越快；流速越快，盐岩的溶解越快，盐腔的体积变化速率也就越快；由于试验中卤水的浓度不饱和，腔体体积实际发展会大于预测值。试验中摄像头清晰地捕捉到了不溶夹层的存在，可以通过不间断的监控，对其垮塌的可能性进行评估，在其垮塌发生之前或者发生之时采取必要的、适当的措施，减少其不利影响。

（4）基于相似原理与金坛储气库实际工况，自主研发了盐穴储气库全周期注采运行监测与评估模拟试验系统。该模拟试验系统可真实模拟盐穴储气库所处的三维地应力和储气库内部注采气时的压力变化过程，获得全周期注采运行过程盐穴储气库围岩的应变、应力、位移等多物理量信息，为后续研究盐穴储气库全周期注采运行监测与安全评估提供了试验装备

（5）以铁精粉、重晶石粉、石英砂为骨料，以松香及酒精为黏结剂，研发了具有蠕变性质的盐岩相似材料，并开展了单轴抗压试验，得到了符合金坛盐岩力学性质的相似材料配比。盐岩的相似材料配比为：1：0.27：0.45，泥岩的相似材料配比为：1：0.67：0.45，盐岩夹层的相似材料配比为：1：0.67：0.19。通过新型单轴压缩蠕变试验仪对相似材料的蠕变特性进行研究，发现相似材料的稳态蠕变率、长期强度特性与原岩吻合，该特性对通过相似材料模拟试验分析围岩蠕变特性对盐穴稳定性的影响具有至关重要的作用。依照金坛储气库西1、西2腔实际盐腔形状，制作盐腔气囊模拟实际盐腔注采，并在腔周及两盐腔中间矿柱部位埋设应变砖、光纤压力盒、多点位移计、棒式位移传感器监测盐腔随注采气的变化。

（6）利用盐穴储气库全周期注采运行监测与评估模拟试验系统进行了盐穴注采运行模拟试验。在单循环注采工况下，采气过程中径向变形显著增加，应力呈增加趋势；恒压过程中由于蠕变特性，腔体周边变形缓慢增大，腔体腰部变形较大，且腔顶出现应力集中趋势。在金坛储气库实际运行压力工况下，频繁注采会使得盐腔变形速率增大，在两次采气之间缺少稳压阶段会造成矿柱持续变形。在后期运行过程中应避免无序的频繁注采，尽量在两次连续采气之间加入一定的稳压阶段。

（7）进行了盐岩的单轴、三轴压缩试验。盐岩单轴压缩试验的破坏形式为拉破坏，盐岩的三轴压缩试验的破坏形式为膨胀破坏，试件由圆柱体变为鼓形，表现出膨胀扩容，且体积膨胀应力随围压增大而增大。通过盐岩的三轴蠕变试验，发现相同围压下盐岩的体积膨胀应力与长期强度的应力值相差不大，且不同围压下的变化趋势相同。由此推断当

盐岩处于体积膨胀阶段时,内部结构已经受到破坏。若长期处于此应力状态,将会导致蠕变破坏,反之,岩体不会发生蠕变破坏。根据盐岩不同围压三轴试验体积膨胀点的应力状态,拟合出了适合本文试验盐岩的线性扩容界限方程 $\sqrt{J_2}=0.1452I_1+6.0157$,该方程可作为盐穴储气库矿柱稳定性判别的重要依据。基于盐岩矿柱膨胀破坏机理,考虑溶盐造腔和储气运行期间盐穴内压的影响,以扩容界限为矿柱破坏判别标准,建立了双腔模型和群腔模型的矿柱稳定性评价理论方法。

(8)利用 FLAC^{3D}有限差分软件模拟了单循环注采工况与全周期注采运行工况,通过单循环注采数值模拟说明试验流程控制的准确性。在全周期注采运行过程中,通过分析塑性区分布、水平位移、体积收缩率,得到了盐岩自身性质、矿柱的稳定性、注采气对腔体稳定性的影响,同时引入基于盐岩膨胀扩容的安全系数对储气库进行稳定性判别。结果表明:在近7年的周期注采后,气压最小处洞室周围的安全系数都在1.5以上,注采运行结束后安全系数在3以上,两盐腔处于稳定状态,矿柱部位的安全系数普遍较小,在未来稳定性预测时需要重点研究;两腔之间矿柱塑性区未贯通,矿柱中心水平位移小于20 mm 矿柱稳定;盐腔体积收缩率最大为1.78%,腔体的年体积收缩速率符合安全标准,储气库处于稳定状态。

(9)通过数值模拟对矿柱稳定性影响因素进行了分析。随着矿柱宽度的减小,矿柱内垂直应力增大,且增大速度越来越快;根据安全系数的理论计算结果和数值计算结果,可知临界矿柱宽度分别为0.85D 和0.73D,这说明通过塑性区判断盐岩矿柱稳定性的方式相对保守;盐腔内压越大,矿柱的垂直应力越小;安全系数的理论计算结果和数值计算结果给出的临界盐腔内压分别为6 MPa 和6.5 MPa。矿柱的垂直应力随着盐穴埋深的增大而增大,相对其他因素,盐穴埋深对矿柱垂直应力影响较大;根据安全系数的理论计算结果和数值计算结果,可知临界盐穴埋深分别为1080 m 和1240 m。通过矿柱稳定性评价方法计算不同布井方式的矿柱安全系数,得出矩形布井和三角形布井的临界盐穴间距分别为0.85D 和1.15D。若两种布井方式分别以各自的临界盐穴间距布井,同样面积的矿场矩形布井方式比三角形布井方式多布井58.3%。通过矿柱安全系数的正交极差分析,确定了矿柱稳定性影响因素的敏感度大小顺序:埋深>盐穴内压>矿柱宽度>盐腔直径>上覆岩层平均重度>矿柱高度。

(10)分析了金坛某群腔盐穴矿柱稳定性。数值计算结果表明,盐穴造腔阶段,在卤水压力作用下,矿柱边缘岩体出现应力释放现象,盐腔周围区域出现塑性区,但矿柱中部没有塑性区出现,矿柱整体稳定性不会受到损害。理论公式计算的矿柱扩容破坏情况与数值计算结果一致,该工程实例中盐腔相互之间距离较大,其内压的改变对矿柱整体稳定性几乎没有影响。

11.2　展望

作者在地下盐穴储气库造腔控制与注采运行安全评估方面取得了一定科学成果,但尚有以下研究内容需要进一步完善:

(1)基于研发的盐穴造腔模拟与形态控制试验装置及造腔工艺方法,开展不同流速、地应力、夹层分布等多交叉因素下造腔模拟试验,研究上述因素对腔体的影响规律,完善并改进现有造腔工艺。

(2)在全周期注采运营模拟试验的基础上,改进模型制作工艺,完善测试监测系统的功能,增加试验时间,更加全面地分析与预测金坛储气库在未来的运行安全性。同时,增加双腔不同步的注采运行工况,分析其受力变形规律,得到针对中国储气库的多工况稳定性判别方法,并构建盐穴储气库安全运营准则。

(3)盐岩的扩容破坏也会造成渗透率增加,进而导致天然气泄漏。在已进行的盐岩力学试验的基础上,开展盐岩渗透率与受力状态关系的研究,得到盐岩损伤破坏与渗透率之间的关系,建立考虑盐岩损伤及渗透率的盐岩损伤判别准则,并以此完善储气库腔体及矿柱的安全评价方法。